湖北省小型水库专管人员培训教材

本书编委会　编著

黄 河 水 利 出 版 社

·郑 州·

图书在版编目(CIP)数据

湖北省小型水库专管人员培训教材/《湖北省小型水库专管人员培训教材》编委会编著. —郑州:黄河水利出版社,2016.10

ISBN 978-7-5509-1455-1

Ⅰ.①湖… Ⅱ.①湖… Ⅲ.①小型水库-水库管理-技术培训-教材 Ⅳ.①TV697.1

中国版本图书馆 CIP 数据核字(2016)第 153178 号

出 版 社:黄河水利出版社

地址:河南省郑州市顺河路黄委会综合楼 14 层　　邮政编码:450003

发行单位:黄河水利出版社

发行部电话:0371-66026940、66020550、66028024、66022620(传真)

E-mail:hhslcbs@126.com

承印单位:河南省瑞光印务股份有限公司

开本:787 mm×1 092 mm　1/16

印张:7.25

字数:168 千字　　印数:1—7 000

版次:2016 年 10 月第 1 版　　印次:2016 年 10 月第 1 次印刷

定价:39.00 元

编委会名单

前　言

小型水库是湖北省防洪抗旱体系的重要组成部分，也是农田水利重要的基础设施，对保障群众的生产、生活有着重要影响，在防洪、灌溉、供水、生态保护等方面和社会稳定及经济发展中发挥了重要作用。

2007年以来，湖北省集中开展小型病险水库除险加固，先后完成小型病险水库除险加固近5 000座，投入资金近百亿元，成效显著。小型水库专管人员能否正确履行管护职责，对小型水库安全管理意义重大。为巩固小型病险水库除险加固成果，规范小型水库专管人员培训工作，确保小型水库安全运行，湖北省水利厅、湖北省湖泊局委托湖北水利水电职业技术学院组织编写了《湖北省小型水库专管人员培训教材》一书。

本书涵盖了小型水库基础知识、检查与观测、养护、防汛抢险、法律法规等方面主要内容，注重突出操作实用性和运用实效性，提供了部分水库安全管理典型案例，为小型水库专管人员日常开展工作提供了借鉴和帮助，是小型水库专管人员工作的实用手册，供全省各地培训小型水库专管人员时参考使用。

书中疏漏之处，敬请批评指正。

编　者

2016年8月

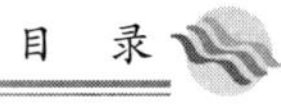

目　录

1　小型水库基础知识

1.1　水库的基本概念

1.1.1　水库的组成

一般把由大坝拦截水流所形成的蓄水区域称为水库，水库工程平面布置示意图见图 1-1。

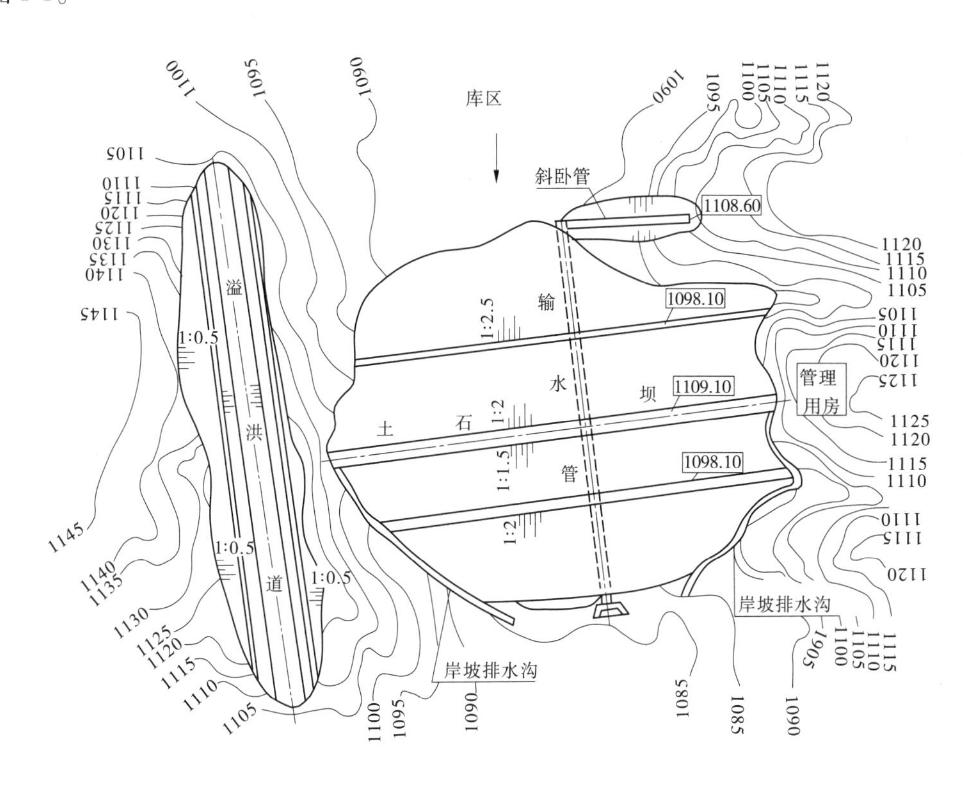

图 1-1　水库工程平面布置示意图

水库一般包括以下几个部分：

(1)挡水、泄水、输水和发电等建筑物。

(2)水库管理设施，包括管理用房、水文通信设备等。

(3)库区，指设计洪水位以下土地，包括岛屿。

(4)工程区和库区管理范围及保护范围。

1.1.2　水库的规模

水库的规模按总库容分为:大(1)型、大(2)型、中型、小(1)型和小(2)型。

大(1)型:总库容大于或等于10亿m^3。

大(2)型:总库容大于或等于1亿m^3而小于10亿m^3。

中型:总库容大于或等于1 000万m^3而小于1亿m^3。

小(1)型:总库容大于或等于100万m^3而小于1 000万m^3。

小(2)型:总库容大于或等于10万m^3而小于100万m^3。

本书所指的小型水库是小(1)型水库和小(2)型水库。

1.1.3　水库的功能

水库的主要功能是防洪与兴利。

防洪是利用水库库容拦蓄洪水,消减进入下游河道的洪峰流量,达到减免洪水灾害的目的。水库是我国防洪广泛采用的主要工程措施,对洪水的调节作用有两种不同的方式,即滞洪作用和蓄洪作用。滞洪是利用水库,暂时拦蓄洪水,待河槽中的流量减少到一定程度后,再经过泄水闸放回原河槽。蓄洪是指在汛期将洪水存起来,供兴利使用。

兴利主要是利用水库兴利库容,实施农业灌溉、城乡供水、水力发电、生态保护、水产养殖等。

小型水库的主要功能一般是农业灌溉和城乡供水。

1.2　水库的主要建筑物

水库的主要建筑物包括挡水建筑物、泄水建筑物、输水建筑物和其他建筑物等,其中挡水建筑物、泄水建筑物和输水建筑物俗称水库的“三大件”。

1.2.1　挡水建筑物

水库的挡水建筑物是指为拦截水流形成水库而兴建的大坝等水工建筑物。小型水库的大坝多为土石坝,浆砌石坝和混凝土坝等其他坝型采用较少。

1.2.1.1　土石坝

1.土石坝及其分类

土石坝是就地取材利用土石料填筑而成的一种挡水建筑物,故又称“当地材料坝”。它是最古老的一种坝型,也是现代采用最多的一种坝型。

土石坝按构筑结构和组成材料可分为均质坝、心墙坝、斜墙坝、面板堆石坝等,见图1-2。目前,湖北省采用最多的是心墙坝和均质坝。

均质坝:用一种筑坝材料筑成,一般用黏性土料。

心墙坝:坝断面中部用相对不透水土料或其他不透水材料填筑。

斜墙坝:坝上游部分用相对不透水土料或其他不透水材料填筑。

面板堆石坝：以堆石体为支承结构，在坝上游表面浇筑混凝土面板。

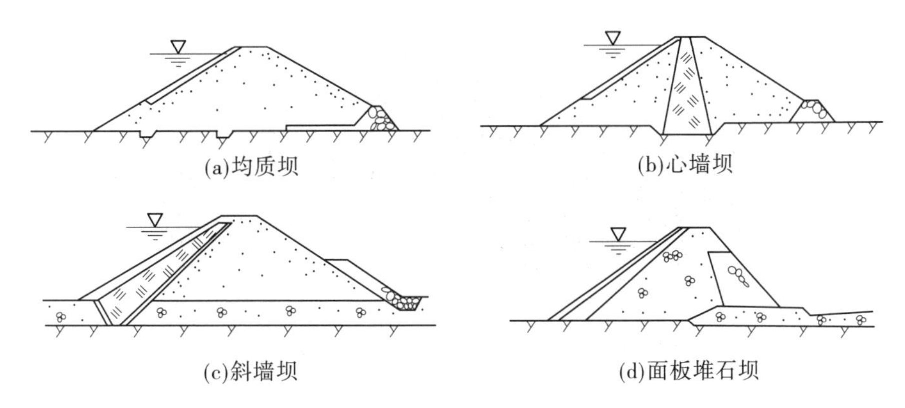

图 1-2　土石坝断面结构示意图

2. 土石坝的结构

土石坝的结构包括坝顶、护坡、防渗体、坝体排水和坝面排水等。

1) 坝顶和护坡

坝顶可采用砂石、泥结石或混凝土路面铺砌。为排除坝顶雨水，坝顶面应向两侧或一侧倾斜，做成 2% ~3% 的坡度，见图 1-3、图 1-4。

防浪墙通常设于坝顶上游侧，应坚固不透水，可采用浆砌石或钢筋混凝土筑成。

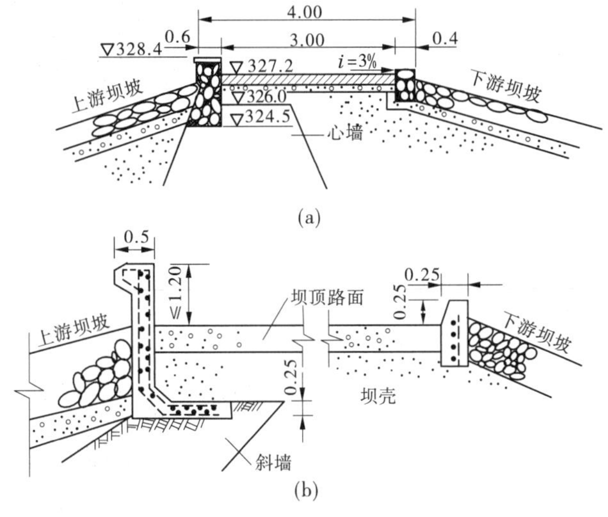

图 1-3　土石坝坝顶构造示意图　（单位：m）

土石坝表面为土、砂砾石等土料填筑时，应设置专门的护坡。上游护坡的作用是防止水流和波浪的冲刷以及漂浮物的危害，常用形式为砌石护坡（见图 1-4）或混凝土护坡（见图 1-5）。下游护坡的目的是使坡面免遭雨水、大风、尾水部位的风浪及动物、冻胀干裂等因素的破坏作用，常采用草皮、干砌石护坡的形式（见图 1-6）。

图 1-4　土石坝坝顶及上游砌石护坡

图 1-5　土石坝上游混凝土护坡

图 1-6　土石坝下游草皮护坡

2) 防渗体

防渗体是心墙坝和斜墙坝的核心部分，常由渗透系数较小的黏性土料构成。其类型

有黏土心墙、黏土斜墙、黏土斜心墙和沥青混凝土防渗墙等。其作用是减少渗水量，保持渗流稳定，使大坝不发生渗流破坏。

3）坝体排水

为了将坝体内渗水安全导向下游，避免产生渗流破坏，在渗流出口、排水周围需设置反滤层。常见的排水体有贴坡排水、棱体排水、褥垫式排水和坝面排水。目前，湖北省采用的主要是贴坡排水和棱体排水。

贴坡排水，又称表面排水，如图1-7所示。

棱体排水，又称滤水坝趾，如图1-8所示。

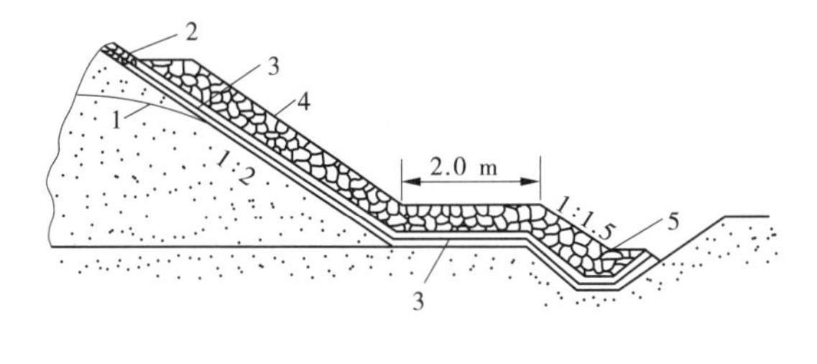

1—浸润线；2—护坡；3—反滤层；4—排水体；5—排水沟

图1-7　贴坡排水结构示意图

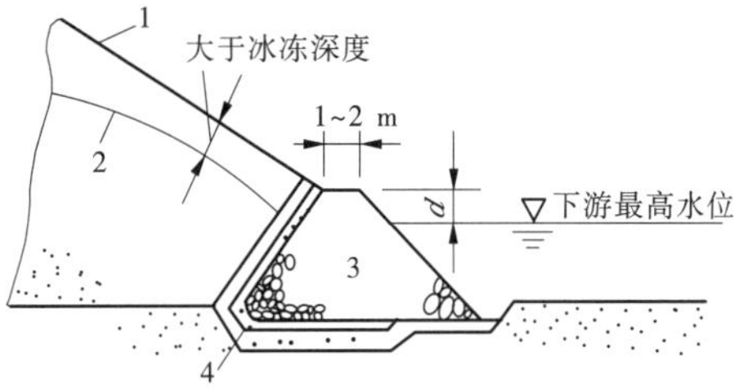

1—下游坝坡；2—浸润线；3—棱体排水；4—反滤层

图1-8　棱体排水结构示意图

坝体内排水，又称褥垫式排水，见图1-9。

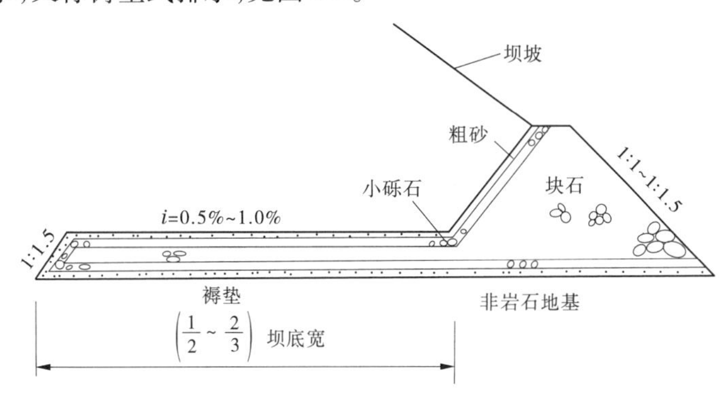

图1-9　褥垫式排水示意图

4）坝面排水

为防止雨水冲刷坝面，一般应设坝面排水。坝面排水包括坝顶、坝坡、坝端及坝下游等部位的集水、截水和排水设施。土石坝坝面排水一般是布置成纵横连通的排水沟，见图1-10。

3. 土石坝的工作特点

土石坝具有以下工作特点：

（1）抗冲能力低，若洪水漫顶，易产生滑坡险情，上下游坝坡均要采取护坡保护措施。

图 1-10　土石坝坝面排水

(2)透水性大,如透水带走土颗粒,造成土体渗透破坏,故必须采取防渗排水措施。

(3)易产生裂缝和滑坡。土石坝坝坡平缓,土石坝不会整体滑动,土石坝失稳的形式,主要是坝坡的滑动。压缩变形量比较大,易产生裂缝和滑坡,要加强巡查和应急处理。

1.2.1.2　浆砌石坝和混凝土坝

浆砌石坝和混凝土坝按照坝型分为重力坝和拱坝。

1. 重力坝

重力坝在水压力作用下,主要依靠坝体重力所产生的抗滑力来保持稳定,并因此得名。重力坝是用混凝土或浆砌石修筑的挡水建筑物。

小型水库常见的重力坝为浆砌石坝,适用于土料缺乏,石料易于采集,坝址谷口狭窄,河床为基岩,坝体工程量较小的情况。常见重力坝按其顶部是否溢流分为溢流坝与非溢流坝两种,前者也叫滚水坝,后者也叫挡水坝。一般重力坝设计时,将一部分设计为溢流坝(通常位于大坝的中部),另一部分设计为非溢流挡水坝,以满足泄洪和蓄水要求。浆砌石重力坝示意图如图 1-11、图 1-12 所示。

2. 拱坝

拱坝是一种在平面上向上游弯曲、呈曲线形,主要把水压力传给两岸的挡水建筑物,是一个空间壳体结构,见图 1-13、图 1-14。拱坝坝体单薄,是一种比较经济的坝型。但是,拱坝对坝址的地形地质条件要求较高,对地基的处理也较严格。

3. 浆砌石坝与混凝土坝的工作特点

浆砌石坝与混凝土坝具有以下工作特点:

(1)筑坝材料强度较高,耐久性好,抵抗洪水漫顶、渗漏、侵蚀、地震的能力都比较强,工作安全,运行可靠。

(2)泄洪方便,可采用坝顶溢流,也可在坝内设泄水孔。

(3)失稳的主要形式是整体滑动。

(4)浆砌石坝的常见病害是裂缝和渗漏。

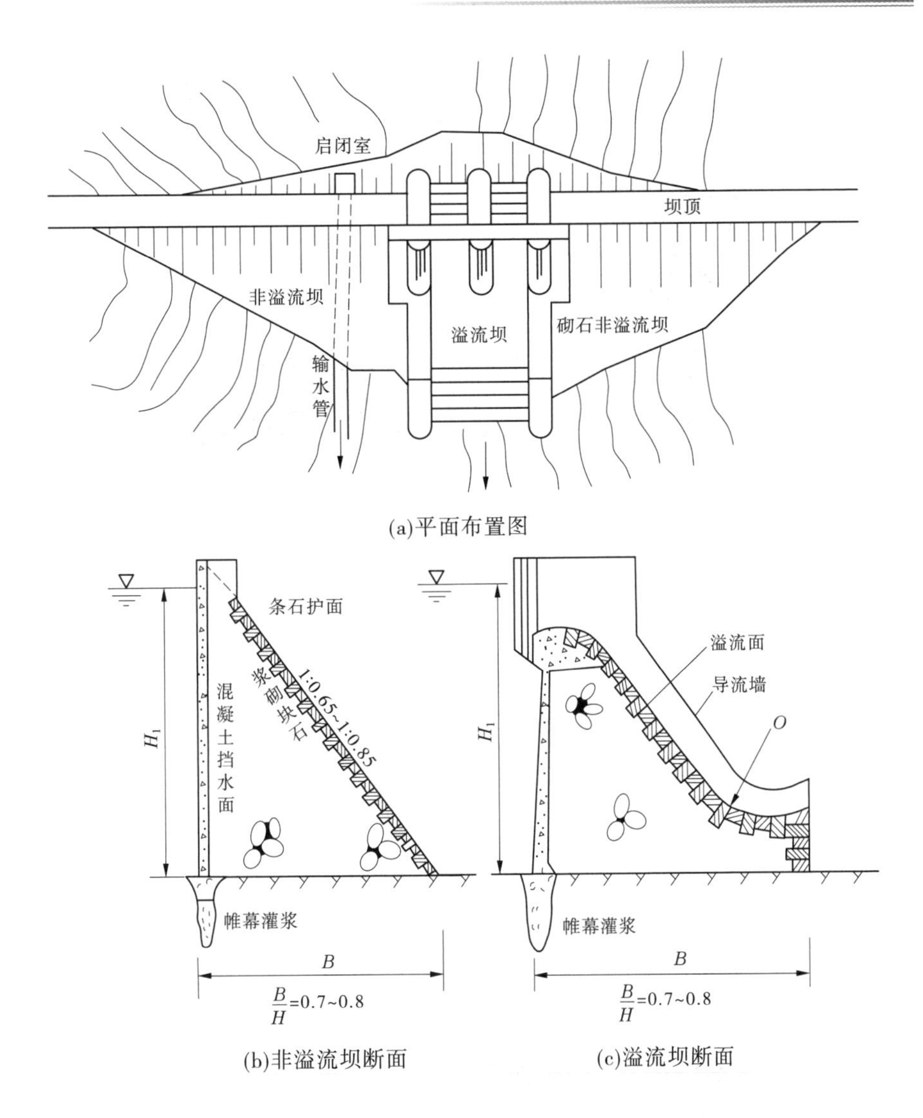

(a)平面布置图

(b)非溢流坝断面

(c)溢流坝断面

图 1-11 浆砌石重力坝示意图

1.2.2 泄水建筑物

泄水建筑物是用来宣泄水流的水工建筑物，是保证水利枢纽和水工建筑物的安全、减免洪涝灾害的重要的水工建筑物。小型水库一般采用溢洪道作为泄水建筑物。

1.2.2.1 溢洪道的作用及分类

溢洪道是最常见的泄水建筑物，用于宣泄水库不能容纳的洪水，防止洪水漫溢坝顶，保证大坝安全，如图 1-15 所示。

溢洪道按泄洪标准和运用情况，分为正常溢洪道和非常溢洪道；按有无闸门控制，分为有闸控制溢洪道和无闸控制溢洪道；按溢流堰的形式，分为宽顶堰和实用堰；按其所在位置，分为河床式溢洪道和岸边式溢洪道，河床式溢洪道经由坝身溢洪，岸边式溢洪道按

图 1-12　浆砌石重力坝

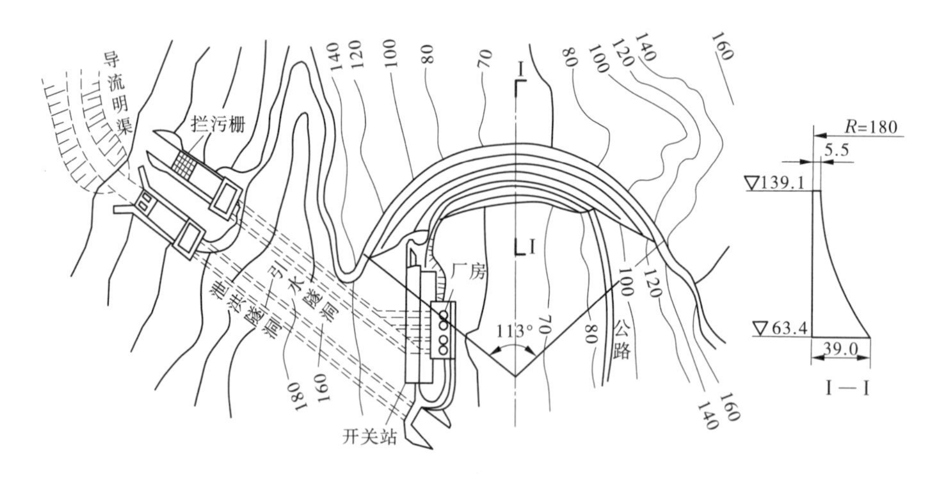

图 1-13　拱坝平面布置示意图　（单位：m）

图 1-14　宜昌市玄庙观水库拱坝

结构形式可分为正槽式溢洪道、侧槽式溢洪道、井式溢洪道和虹吸溢洪道。

湖北省小型水库多采用岸边式正槽、无闸控制、宽顶堰式正常溢洪道。

图1-15 溢洪道泄洪

1.正槽式溢洪道

小型水库最常见的岸边溢洪道为正槽式溢洪道(溢流堰轴线与泄槽轴线基本垂直),如图1-16、图1-17、图1-18所示。

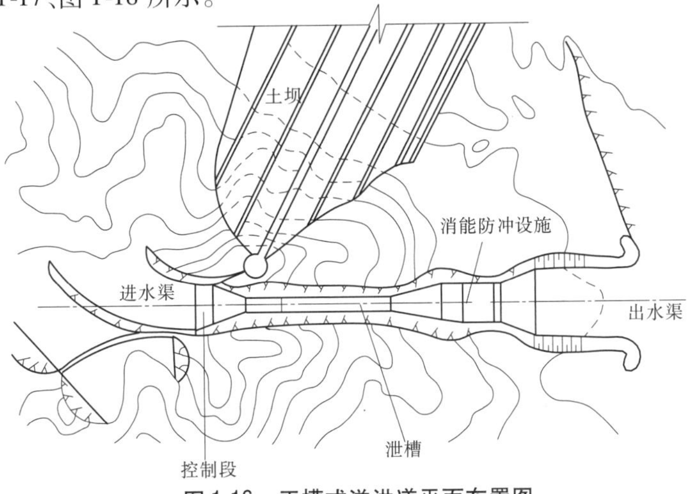

图1-16 正槽式溢洪道平面布置图

2.侧槽式溢洪道

这种溢洪道的特点是水流过堰后约转90°经泄槽流入下游,如图1-19、图1-20所示。

1.2.2.2 溢洪道的组成

溢洪道一般由进水渠、控制段、泄槽、消能防冲设施和出水渠等五个部分组成(见图1-17)。其中,控制段、泄槽和消能防冲设施三个部分是溢洪道的主体工程。进水渠和出水渠则分别为主体工程与上游水库和下游河段的连接段。

1.进水渠

进水渠包括进水段和渐变段。进水段断面通常为矩形(石基)或梯形明渠(土基),渐变段在平面上应为直线或光滑的曲线形,导流墙可以是八字墙、扭曲面或圆弧直立面。

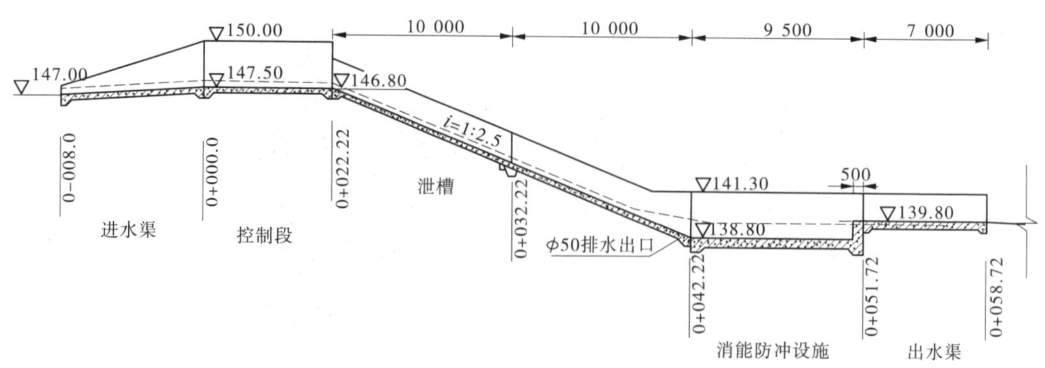

图 1-17　正槽式溢洪道纵断面图　（高程单位：m；尺寸单位：mm）

图 1-18　正槽式溢洪道

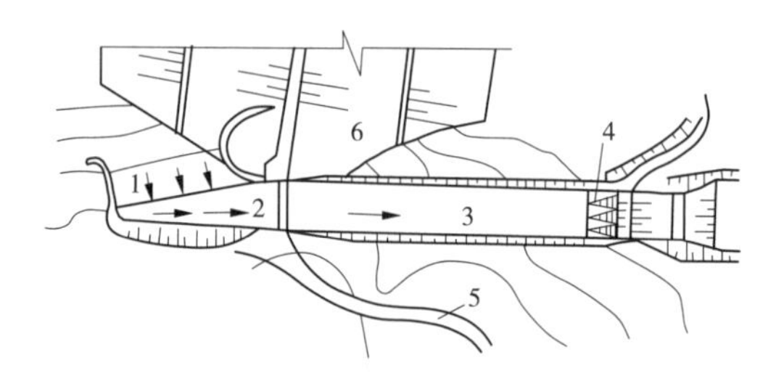

1—进水渠；2—溢流堰；3—泄槽；4—消能防冲设施；5—交通公路；6—土石坝

图 1-19　侧槽式溢洪道平面图

2. 控制段

溢洪道中采用溢流堰为溢流控制建筑物，土基上常采用宽顶堰形式，岩基上多采用实用堰形式，见图 1-21。

3. 泄槽

溢洪道在溢流堰后多用泄槽与消能防冲设施相连，泄槽坡度很大，故又称陡槽。建造在土基上的陡槽，纵坡常为 1∶3～1∶5，岩基上常为 1∶1～1∶3。泄槽断面，当为岩基时，采用矩形；当为土基时，采用梯形。泄槽常用浆砌石或混凝土建造。

图 1-20 侧槽式溢洪道

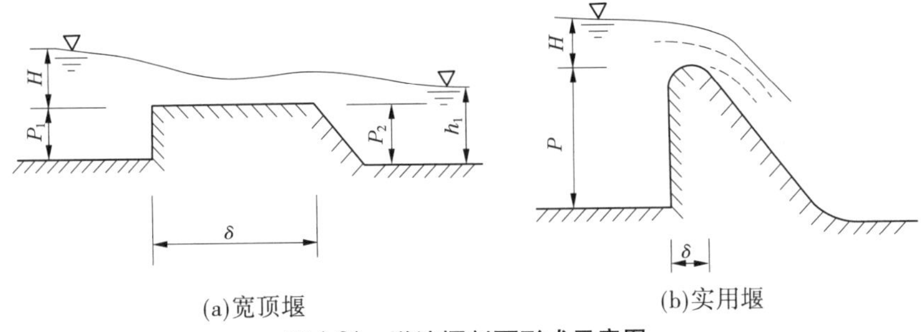

图 1-21 溢流堰剖面形式示意图

4. 消能防冲设施

从溢洪道下泄的水流,必须采取有效的消能防冲设施,使泄槽出口处的河床和河岸免受剧烈的冲刷,以保证溢洪道和大坝的安全。泄槽出口的消能方式主要有两种:一种是底流式消能(见图 1-22),适用于土基及出口距坝脚较近的情况;另一种是鼻坎挑流式消能(见图 1-23)。

底流消能的消力池断面常为矩形,可用浆砌石或混凝土建造。池底板前端设齿墙,板下设反滤排水孔,消力池结构构造见图 1-22。

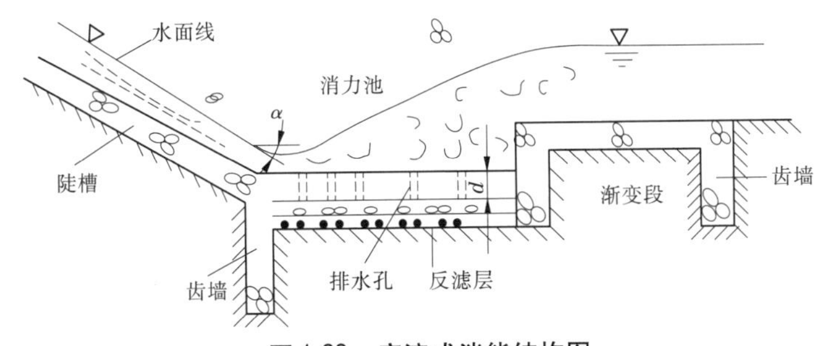

图 1-22 底流式消能结构图

挑流消能是在泄槽末端修筑挑流鼻坎,利用挑流鼻坎将泄槽下泄的高速水流挑射到距离建筑物较远的地方。

5. 出水渠

出水渠的作用是将消能后的水流送到下游河道,它的构造同一般明渠,消力池与出水

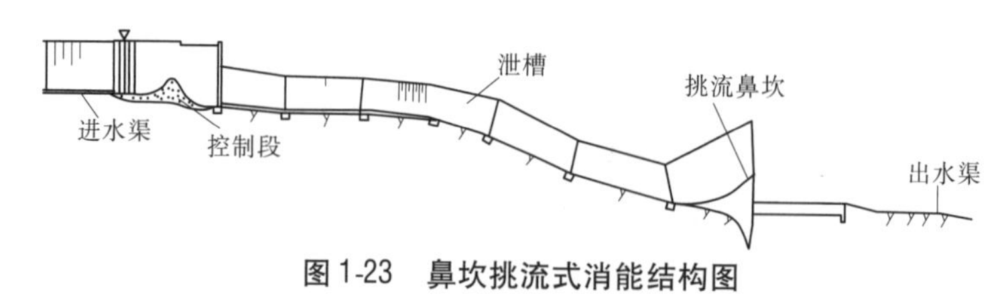

图 1-23　鼻坎挑流式消能结构图

渠之间有渐变段,它与进水段的渐变段结构相同。

1.2.3　输水建筑物

输水建筑物是向用水部门送水的建筑物。输水建筑物有引(供)水隧洞、输水管、渠道、渡槽及涵洞等多种形式。

小型水库输水建筑物多为输水管形式,多布置在坝下或穿过坝体,直接影响到坝体安全。输水管一般是无压管,日常运行中应严格控制闸门开度,防止输水管内出现承压水头。

输水管由进水口、输水管和出口消能段组成。

1.2.3.1　进水口

进水口常采用卧管式、塔式、斜拉闸门式、竖井式和排架式。

1. 卧管式进水口

卧管式进水口为斜置于坝端上游山坡或坝坡上的一种台阶式管式进水口,见图 1-24、图 1-25。卧管孔口有平孔、立孔和斜孔三种形式,见图 1-26。它由通气孔、进水孔和消力池组成,见图 1-27。

2. 塔式进水口

塔竖立于输水涵洞的进口处,塔底部设有闸门,塔顶设操纵平台和启闭机,用工作桥与岸相连,见图 1-28、图 1-29。

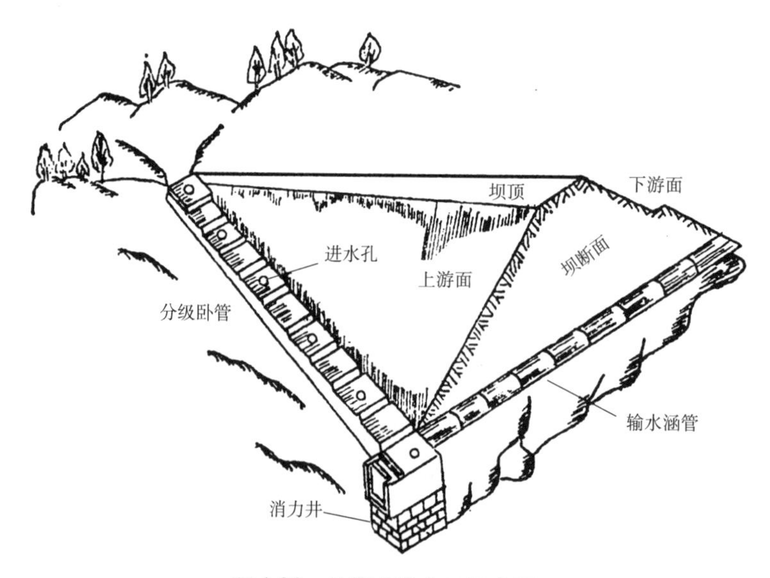

图 1-24　卧管式进水口示意图

图 1-25 卧管式进水口

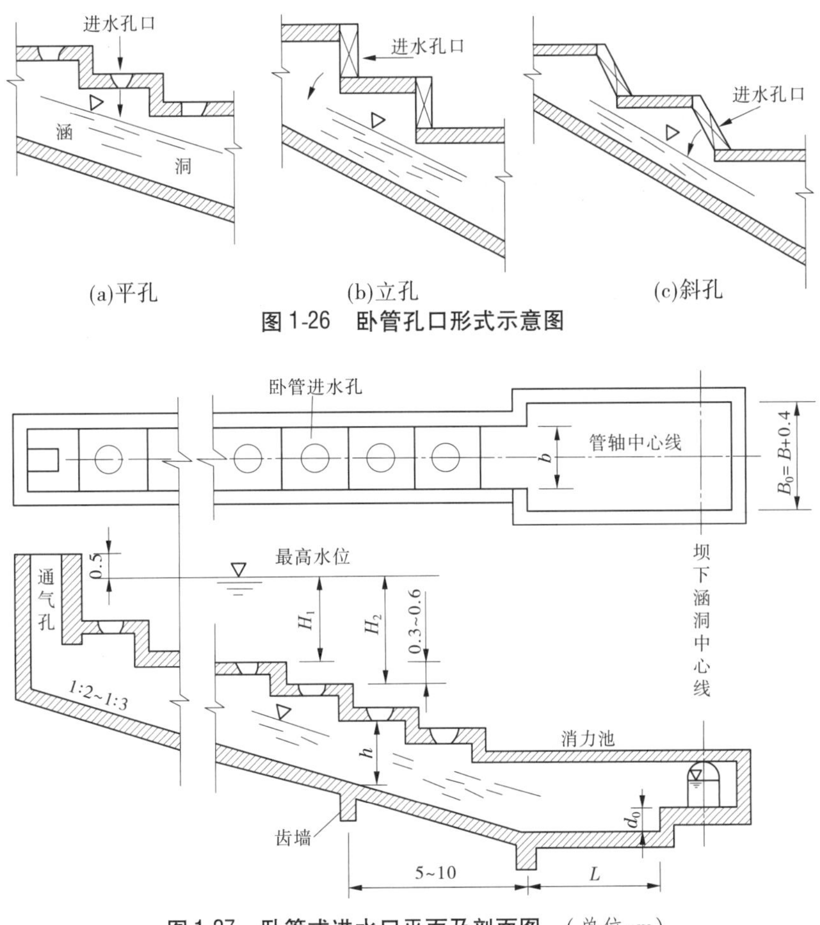

图 1-26 卧管孔口形式示意图

图 1-27 卧管式进水口平面及剖面图 （单位:m）

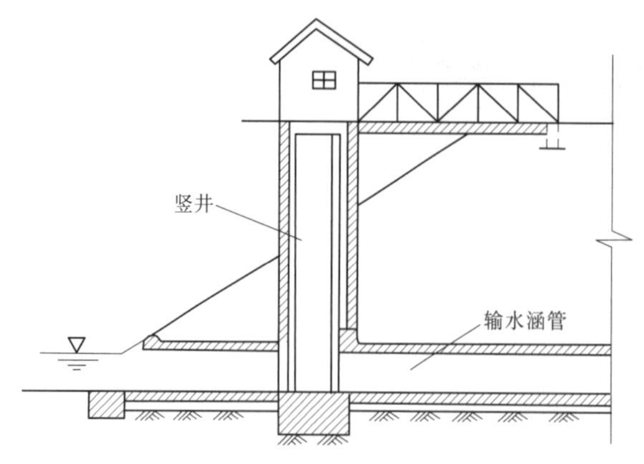

图 1-28　塔式进水口示意图

图 1-29　塔式进水口

3. 斜拉闸门式进水口

这种形式是沿库区山坡或上游坝面斜坡布置，在斜坡上设置闸门轨道，进水口在斜坡底部，启闭机安装在山坡平台上或坝顶，见图 1-30、图 1-31。

图 1-30　斜拉闸门式进水口

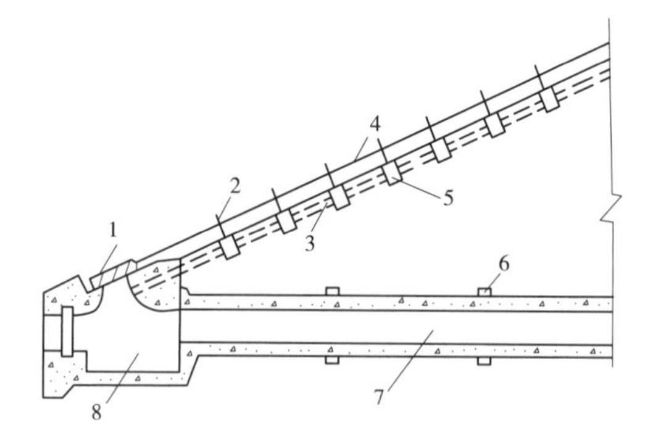

1—斜拉闸门；2—支柱；3—通气孔；
4—拉杆；5—混凝土块体；6—截水环；7—涵管；8—消能井

图 1-31　斜拉闸门式进水口示意图

4. 竖井式进水口

竖井式进水口是在进口附近开凿竖井，井底设置闸门，顶部安装启闭设备，如图 1-32 所示。

5. 排架式进水口

排架竖立于输水涵洞的进口处，排架底部设有闸门，排架顶设操纵平台和启闭机，用工作桥与岸相连，见图 1-33。

1.2.3.2　输水管

输水管断面有圆形、矩形和圆拱直墙形等几种，见图 1-34。

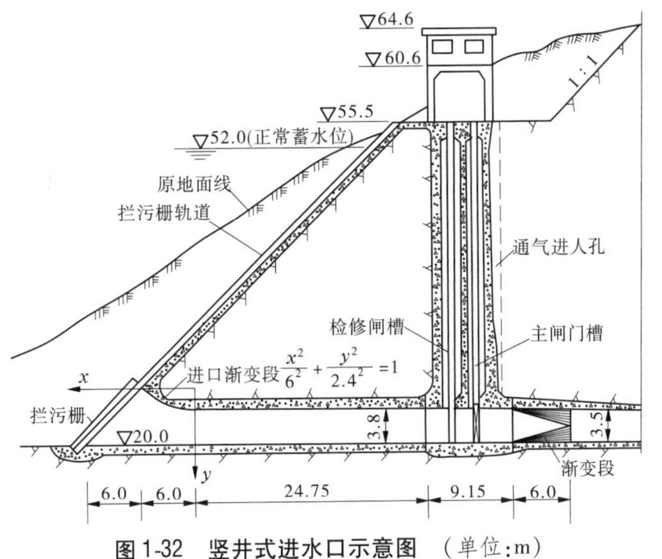

图1-32　竖井式进水口示意图　（单位:m）

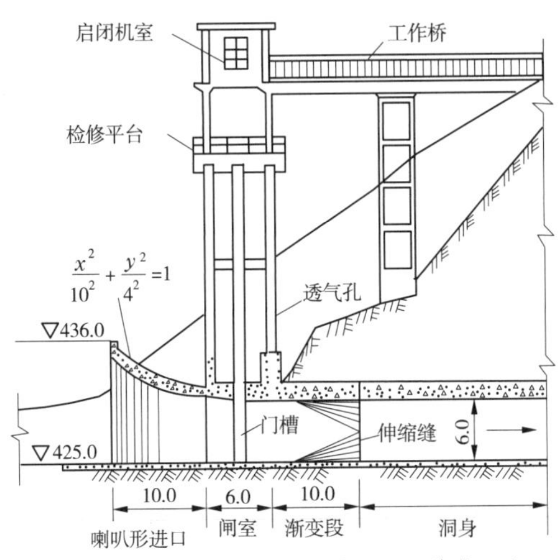

图1-33　排架式进水口示意图　（单位:m）

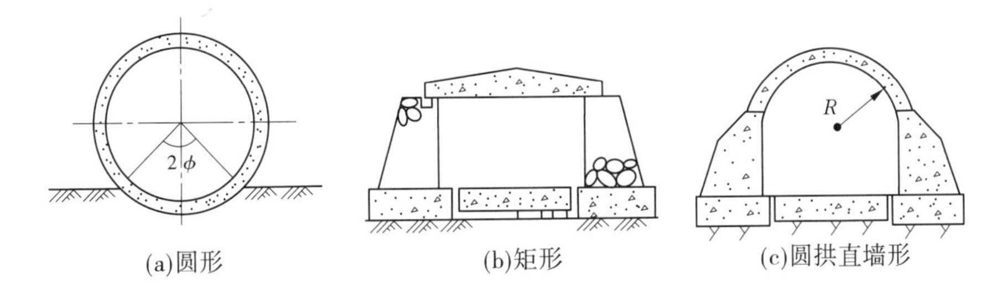

图1-34　输水涵洞断面形式示意图

1.2.3.3　出口消能段

出口消能段形式常用消力池形式，也有采用挑流坎形式。

1.3 水库调度

1.3.1 水库调度常用名词术语

(1)水位:是指水库的自由水面离固定基准面的高程,固定基准面一般是指黄海平均海平面。但受历史条件影响,湖北省不少小型水库的固定基准面并不准确,只是相对高程。

(2)库容:水库某一水位以下或两水位之间的蓄水容积。

(3)水库调度:运用水库的调蓄能力,按来水蓄水实况和水文预报,有计划地对入库径流进行蓄泄。在保证工程安全的前提下,根据水库承担任务的主次,按照综合利用水资源的原则进行调度,以达到防洪、兴利的目的。

(4)汛期:是指河水在一年中有规律显著上涨的时期。根据我省降水规律和江河涨水情况,一般规定每年的5月1日至10月15日为汛期,其中7月至8月为主汛期。

(5)承雨面积:水库大坝坝址以上分水岭范围内的流域面积。

(6)降雨强度与等级划分,见表1-1。

表1-1 降雨强度与等级划分（单位:mm）

等级	12 h降雨强度	24 h降雨强度
小雨	$R_{12}<5$	$R_{24}<10$
中雨	$5\leq R_{12}<10$	$10\leq R_{24}<25$
大雨	$10\leq R_{12}<30$	$25\leq R_{24}<50$
暴雨	$30\leq R_{12}<70$	$50\leq R_{24}<100$
大暴雨	$70\leq R_{12}<140$	$100\leq R_{24}<200$
特大暴雨	$140\leq R_{12}$	$200\leq R_{24}$

(7)洪峰流量:是指河流在涨水期间达到最高点洪水位时,某一过水断面在单位时间内通过的洪水流量。

(8)灌水定额:是一次灌入农田单位面积的水量。

(9)灌溉定额:是作物全生育期(包括播种前)各次灌水定额的总和。

(10)渠系水利用系数:末级固定渠道放出的总水量与渠道引进的总水量的比值。

(11)水库抗旱能力:是指在不降水的条件下,水库当时的有效蓄水量,对一定灌溉面积所能维持的抗旱天数。

1.3.2 水库的库容特性

1.3.2.1 防洪标准

根据《防洪标准》(GB 50201—2014),水库工程水工建筑物的防洪标准见表1-2。

表 1-2 水库工程水工建筑物的防洪标准

水工建筑物级别	防洪标准［重现期(年)］				
	山区、丘陵区			平原区、海滨区	
	设计	校核		设计	校核
		混凝土坝、浆砌石坝	土坝、堆石坝		
1	1 000 ~ 500	5 000 ~ 2 000	可能最大洪水(PMF)或10 000 ~ 5 000	300 ~ 100	2 000 ~ 1 000
2	500 ~ 100	2 000 ~ 1 000	5 000 ~ 2 000	100 ~ 50	1 000 ~ 300
3	100 ~ 50	1 000 ~ 500	2 000 ~ 1 000	50 ~ 20	300 ~ 100
4	50 ~ 30	500 ~ 200	1 000 ~ 300	20 ~ 10	100 ~ 50
5	30 ~ 20	200 ~ 100	300 ~ 200	10	50 ~ 20

小(1)型水库的大坝等主要建筑物级别一般为 4 级，小(2)型水库的大坝等主要建筑物级别一般为 5 级。

1.3.2.2 水库的主要特征水位和库容

水库为完成不同任务，在不同时期和各种水文情况下需控制达到或允许消落的各种库水位称为水库特征水位。相应于水库特征水位以下或两特征水位之间的水库容积称为水库特征库容。水库特征水位主要有死水位、正常蓄水位、防洪限制水位、设计洪水位和校核洪水位等；主要特征库容有死库容、兴利库容、调洪库容和总库容等，见图 1-35。

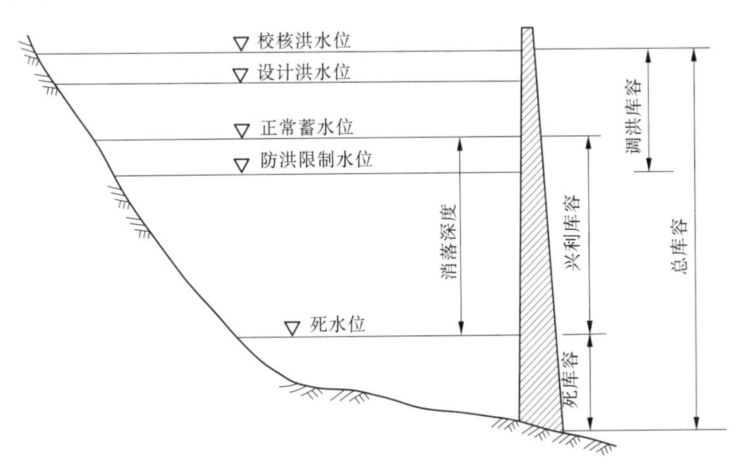

图 1-35 水库各种特征水位及相应库容

(1)死水位。是指水库在正常运行情况下，允许水库消落的最低水位。这个水位以下的库容称为死库容或垫底库容。

(2)防洪限制水位(汛限水位)。水库在汛期允许兴利蓄水的上限水位,也是水库在汛期防洪运用时的起调水位。正常运用的小型水库防洪限制水位一般采用正常蓄水位。

(3)正常蓄水位。在正常运用情况下,水库为满足兴利要求,应在开始供水时蓄到的高水位,也称正常高水位、兴利水位或设计蓄水位。正常蓄水位至死水位之间的库容称兴利库容,或称调节库容。

(4)设计洪水位。水库遇到设计标准洪水时,在坝前达到的最高洪水位称为设计洪水位。它是水库在正常运用情况下,允许达到的最高水位。

(5)校核洪水位。水库遇到校核标准洪水时,经水库调洪后,在坝前达到的最高水位,称为校核洪水位。它与防洪限制水位之间的库容称为调洪库容。校核洪水位以下的水库容积称为总库容。

水库的坝越高,能得到的库容就越大,水库水位与库容的关系是由库区地形图上量算点绘出来的,水库水位与下泄流量的关系是由水文测验得出的。有了水库水位—库容、水位—下泄流量关系曲线,就可以根据观测的水库水位,从曲线上查得相应的蓄水量和下泄流量。

某水库的水位—库容、水位—下泄流量关系曲线见表1-3、图1-36。

表1-3　某水库的水位—库容、水位—下泄流量关系曲线

水库水位 Z(m)	59.98	60.5	61.0	61.5	62.0	62.5	63.0	63.5	64.0	64.5
总库容 V(万 m^3)	1 296	1 460	1 621	1 800	1 980	2 180	2 378	2 598	2 817	3 000
堰上水头 h(m)	0	0.52	1.02	1.52	2.02	2.52	3.02	3.52	4.02	4.52
下泄流量 q(m^3/s)	0	46.5	127.6	232.2	356	496	650	818	999	1 191

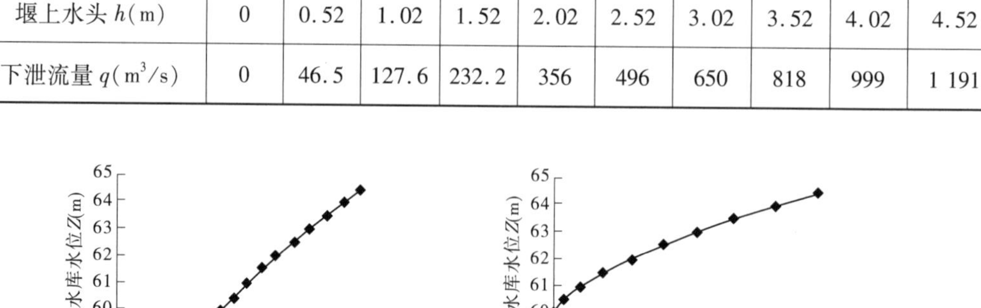

(a)水位—库容　　(b)水位—下泄流量

图1-36　某水库的水位—库容、水位—下泄流量关系曲线

1.3.3　水库防洪调度

1.3.3.1　防洪调度的任务和原则

(1)防洪调度的任务是确定水库安全标准和下游防护对象的防洪标准,确定防洪调度方式及各种防洪特征水位,对水库洪水进行调蓄,保障大坝和下游防洪安全。遇超标准

洪水，应力保大坝安全并尽量减轻下游的洪水灾害。

(2)防洪调度的原则是在保证大坝安全的前提下，按下游防洪需要对洪水进行调蓄。

1.3.3.2 防洪调度的内容

(1)调查、了解水库工程安全现状，分析工程有无异常现象及存在的问题，摸清下游河道行洪能力和安全泄量，有无行洪障碍；收集气象预报，分析汛期来水形势。

(2)根据水库现状确定允许最高洪水位。

(3)复核水库的防洪能力，确定水库现有防洪标准。

(4)确定防洪限制水位。

(5)计算水库各种蓄水位的抗洪能力。

(6)编制度汛计划和防洪调度图。

(7)对可能遭遇的非常洪水、电信中断或其他紧急情况，应制定应急措施，如扩挖溢洪道，抢筑子坝，炸副坝或报警撤离等。

(8)汛期进行水库实时防洪调度运用。

1.3.4 水库兴利调度

1.3.4.1 兴利调度的任务和原则

(1)兴利调度的任务是在保证水库安全的条件下，力争多蓄水，多兴利，充分发挥水库的综合利用效益。

(2)兴利调度的原则是实行计划用水，节约用水，一水多用，提高水的重复利用率。

1.3.4.2 兴利调度的内容

(1)算清来水与用水账，根据年初水库存水量，结合当年气象预报，参考以往水库实际来水情况，预测本年各月来水量的大小，并估算各月用水量的大小，进行来水与用水的平衡计算，分析本年是否能满足用水需求，以及可能出现的缺水月份和应采取的措施。

(2)编制兴利调度图，即将水库不同时期的控制水位和运用准则绘制成图，作为调度的依据。

(3)计算抗旱能力，水库不同水位对应不同灌溉面积的抗旱天数，即抗旱能力，它与作物的组成、每日耗水量、灌溉面积、渠系利用系数有关。

(4)进行水库实时兴利调度运用。

1.4 加强水库管理的意义

湖北省是全国的水库大省，大型水库数量居全国第一，水库总数量居全国第五。据统计，至2014年全省共有水库6 459座，其中大型水库77座，中型水库282座，小型水库6 100座。小型水库的数量占水库总数的95%。小型水库总承雨面积1.67万km^2，总库容43.6亿m^3，兴利库容29.5亿m^3，调洪库容10.8亿m^3。众多水库不仅是全省防汛抗旱体系的重要组成部分，也是全省农业灌溉、安全饮水的重要水源。

水库蓄水多，水位高，如果一旦垮坝失事，会有很高的水头和大量洪水，在很短的时间内居高临下倾泻下来,对下游人民群众生命财产造成严重威胁和毁灭性的灾难。据统计,1954~2001年间,全国共有3 549座水库垮坝,其中小型水库多达3 434座,占垮坝总数的99.28%,平均每年近73座。近年来,湖北省小型水库也发生过漫坝等重大险情,是全省防洪体系中的重要薄弱环节和危及人民群众生命财产安全的重要隐患。

加强小型水库管理,能使工程巡视检查和维护养护制度得到落实,把可能出现的新病险情消灭在萌芽状态,使发生险情甚至垮坝的可能性大为减少,保一方平安;能使工程正常运行,工程效益得到充分发挥,意义重大。

2　小型水库检查观测

巡视检查是通过眼看、耳听、手摸、鼻嗅及借助一些简单的工具，对水库工程表面状态的变化进行经常性的巡视、查看等工作的总称。它是水库日常运行管理的基础性工作，是及时发现大坝安全隐患的主要措施之一。据资料统计，通过巡视检查发现的大坝安全隐患，占出险水库总数的70%以上。对大多数缺乏观测设施的小型水库，巡视检查显得更为重要。

观测是用专门的仪器设备对水库运行中的许多动态变化进行定期、定量观测。这些动态变化肉眼不易观察或巡视检查难以量化，如坝体变形、渗流量、库水位等，需要借助仪器设备测得数据后进行分析，以了解和掌握工程变化情况。

小型水库的观测成果与巡视检查结果相互对比分析，能够更为准确、有效地判断工程的安全状况。

水库专管人员始终要牢记通过巡视检查发现险情是应急抢险成功的首要条件，要严格遵守日常和汛期大坝定期巡视检查制度，严格执行巡视检查工作程序。

2.1　检查观测的基本要求

水库专管人员应做到：熟悉本工程的具体情况，特别是对工程容易出现的隐患部位心中有数；检查时带好笔、记录本及必要的辅助工具；规定巡视检查的内容、方法、路线和时间，每项工作落实到人；做好检查记录（要有记录表格），巡视检查情况应归入水库的技术档案，留存备查；发现异常及时上报。

2.1.1　巡视检查的基本要求

（1）巡视检查分为日常巡视检查、年度巡视检查和特别巡视检查3类。

①日常巡视检查：由小型水库专管人员负责，主要检查水库设施是否完整，水库面貌是否整洁，水库管理范围内是否有水事违法或危害水库坝体安全的活动等。

非汛期，每周至少巡视检查1次；汛期，每周至少巡视检查2次。当水库水位接近正常高水位时，每天至少巡视检查1次，病险水库每天至少巡视检查2次，并认真填写巡视检查记录。

②年度巡视检查。由小型水库上级主管部门负责人组织，专管人员参加，对大坝等工程进行比较全面或专门的巡视检查。开展时间在每年的汛前汛后、用水期前后、高水位运行期、冰冻较严重地区的冰冻期和融冰期、有蚁害地区的白蚁活动显著期等。检查次数，视地区不同而异，一般每年至少2次。检查后对水库状况作出评价意见。

③特别巡视检查。当预报有特大暴雨、大洪水、有感地震、水库水位骤升骤降或超过

历史最高水位、发现破坏和危险迹象时，对建筑物容易发生变化和破坏的部位加强检查。特别检查每天至少 2 次，紧急情况时，根据需要 24 h 驻坝值守，随时进行现场加密检查。

(2) 巡视检查要制定合理的路线。要求做到检查全覆盖，不留死角，不出现遗漏。一般可按以下路线检查：

①坝顶、坝坡与岸坡。一般可从一侧上坝（以左侧为例），从下游坝面下坡，如果坝面较大，则需要反复几次上坝下坝，检查每处坝面；再从右侧岸坡上坝，从右侧沿坝顶巡查至左侧尽头；再从左侧上游坝面巡查至右侧尽头，同时观察水面情况。

常用的巡视检查路线见表 2-1。

表 2-1　巡视检查路线

检查路线	说明
“之”字形路线	采用“之”字形路线的方式检查能保证控制整个坝坡和坝顶。区域小或坡度平缓的坝坡通常是采用该方式
平行路线	该检查方式是按平行于坝顶路线顺序沿坝坡向下检查。该方式适用于坡度很陡或者面积较大的坝坡

注意问题：在巡视检查过程中，应随时停下，环视 360°进行观察；在 1 d 内太阳光照射角小的时候，从远处观察坝坡和下游坝脚区域，可利用太阳光反射来发现渗水湿润部位。

②坝坡与坝基接触面、坝脚排水设施。按顺序逐一步行巡视检查。

③其他部位。如输水建筑物、溢洪道、闸门及启闭设备等，逐一步行巡视检查。

(3) 巡视检查要突出重点部位和观察重点现象。重点部位主要包括闸门及启闭设备；大坝上、下游面，坝脚及附近范围；涵洞进、出口部位；溢洪道两侧挡墙；已发现的和历史安全隐患部位。重点现象主要包括坝体严重的渗漏、塌坑、裂缝、滑坡，坝基处的流土或管涌现象。

(4) 属于饮用水源的小型水库，巡视检查时要观察水库水生生物、浑浊度及嗅觉等感官性状，关注水体、水质，防范饮水安全事件发生。

(5) 巡视检查时，要注意水雨情自动测报设备是否正常，上坝抢险道路是否通畅；检查有无影响或破坏大坝安全的不法行为。

(6) 水库专管人员要提高安全意识。学会掌握当地气象预报和水雨情，清楚水库工程中存在的安全隐患。巡查时要注意自身安全，配备必要的防护设施（如防滑鞋、救生衣、照明工具）。

2.1.2　观测的基本要求

(1) 一般观测次数。渗流观测每月至少 2 次，水位和雨量观测一般每天 1 次。

(2) 当发生有感地震、大洪水、库水位骤升骤降，以及大坝工作状态出现异常等特殊情况时，对重点部位的观测项目应增加测次。

(3) 相互有关联的项目（如裂缝、渗漏等），要求同一时间进行观测。

(4) 如有异常，要立即进行复测。

(5)各项观测使用标准的记录表格,认真记录填写,严禁涂改、损坏和遗失,观测数据要随时整理、归档。对观测结果进行分析,发现问题及时上报。

2.2　土石坝的巡视检查

2.2.1　土石坝巡视检查的方法

(1)常规检查方法。通常用眼看、耳听、手摸、脚踩等直观方法,或辅以锤、钎、钢卷尺等简易工具对工程表面和异常现象进行检查量测。

眼看。查看上游面大坝附近水面是否有漩涡;上游面护坡块石是否有移动、凹陷或突鼓;防浪墙、坝顶是否有出现新的裂缝或原存在的裂缝有无变化;坝顶是否有塌坑;下游坡坝面、坝脚及附近范围内是否出现渗漏突鼓现象,尤其对长有喜水性草类的地方要仔细检查,判断渗漏水的浑浊变化;大坝附近及溢洪道两侧山体岩石是否有错动或出现新裂缝;大坝及大坝附近是否有白蚁现象;通信、电力路线是否畅通等。

耳听。用耳听坝体、涵洞出口等是否出现不正常的水流声或振动声。

手摸。当眼看、耳听、脚踩中发现有异常情况时,则用手作进一步临时性检查,对长有杂草的渗漏外溢区,则用手感测试水温是否异常。

脚踩。检查坝坡、坝脚是否出现土质松软、鼓胀、潮湿或渗水现象。

用简易工具进行检查量测:当用上述方法检查到水库大坝出现异常情况时,用锤、钎、钢卷尺等工具作进一步的探明,如用锤敲打护坡的松动、用钎探明裂缝深度、用尺测量裂缝的宽度等。

(2)必要时由专业人员进行坑探、化学检验或跟踪、水下电视、超声探测、潜水观测等方法。

(3)对水库附近的群众进行走访调查,了解有无特殊事件发生。

2.2.2　土石坝巡视检查的内容

巡视检查的主要内容包括大坝坝体、坝区、坝肩、各类泄洪、输水设施及闸门,以及近坝区岸坡和对大坝安全有直接关系的各种建筑物。巡查时做好记录,记录表见附录 2 中的附表 2-1。

2.2.2.1　**坝体**

(1)坝顶。有无裂缝、异常变形、积水等,没有硬化和护砌部分有无杂草树木等现象,防浪墙有无开裂、挤碎、架空、错断、倾斜等情况,如图 2-1 所示。

(2)上游坡。护坡有无松动翻起,垫层有无流失;有无裂缝、滑动、塌坑、冲刷,草不超高(10 cm 以内);近坝水面有无冒泡、变浑或漩涡等异常现象,见图 2-2。

(3)下游坡及坝趾。有无裂缝、滑动、隆起、塌坑、雨淋沟、散浸、冒水、渗水坑等现象;排水系统是否通畅;草皮护坡是否完好,有无杂草树木;有无兽洞、蚁穴等隐患;下游导渗降压设施有无异常或破坏现象,见图 2-3、图 2-4。

图 2-1　坝顶

图 2-2　上游坡

图 2-3　下游坡

2.2.2.2　坝区

(1)坝端。两岸坝端有无裂缝、滑动、异常渗水和蚁穴、兽洞等。

(2)下游坝脚。有无潮湿、沼泽、渗水化、管涌、流土或隆起等现象;排水设施是否完好,见图 2-5、图 2-6。

(3)坝端岸坡。绕坝渗水是否正常;有无裂缝、滑动迹象;护坡有无隆起、塌陷或其他损坏现象。

图 2-4　下游排水设施

图 2-5　坝脚渗水检查

图 2-6　坝脚排水沟检查

有条件时,应检查上游铺盖有无裂缝、塌坑。

2.2.2.3　**输、泄水管(洞)**

引水段。有无堵塞、淤积、崩塌。

进水塔(或竖井)。有无裂缝、渗水、空蚀等损坏现象,通气孔是否堵塞。

管(洞)身。洞壁有无裂缝、空蚀、渗水等损坏现象,洞身伸缩缝、排水孔是否正常,见图 2-7、图 2-8。对洞壁狭窄、人无法进入的情况,有条件时可采用移动摄像头进行检查。

出口。放水期水流形态、流量是否正常,停水期是否有水渗漏。

消力池。有无冲刷或砂石、杂物堆积等现象。

工作桥。是否有不均匀沉陷、裂缝、断裂等现象。

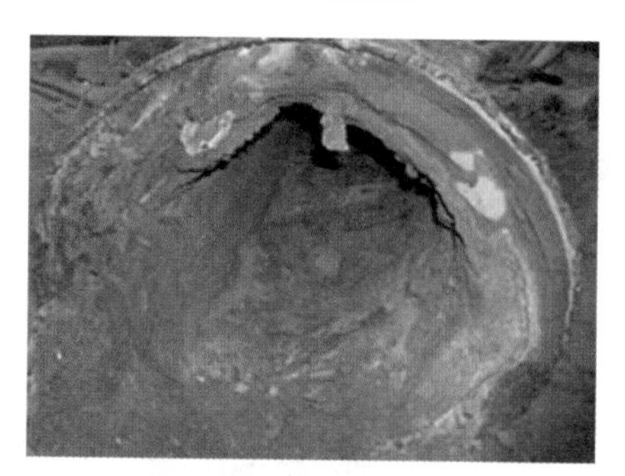

图 2-7　管道空蚀破坏

图 2-8　混凝土蜂窝麻面

2.2.2.4　**溢洪道**

进水段(引渠)。有无坍塌、崩岸、淤堵或其他阻水现象;水流是否正常,见图 2-9。

堰顶或闸室、闸墩、边墙、溢流面、底板。有无裂缝、渗水、剥落、冲刷、磨损、空蚀、碳化、钢筋锈蚀和冻害等现象;伸缩缝、排水孔是否完好;溢洪道出口消能部位有无冲蚀、损坏等,见图 2-10。

保持溢洪道畅通,过水断面无树木杂草、土堆石块等阻水物,确保行洪安全;严禁抬高溢洪道底板高程和在溢洪道进出口设置拦鱼网栅等阻水设施,如图 2-11、图 2-12 所示。

图 2-9　输水管进水口

图 2-10　输水管出水口

图 2-11　溢洪道下游冲损

图 2-12　正常溢洪道

2.2.2.5 **闸门及启闭机**

闸门及其开度指示器、门槽、止水等是否破损漏水，有无不安全因素。钢闸门是否锈蚀、变形，底部是否有石块、泥沙等异物，影响闸门启闭。定期对闸门进行涂油。

启闭机能否正常工作，备用电源及手动启闭是否可靠。机电设备、线路若有短路等潜在危险，应及时排除；每次汛前或汛后、闸门启闭前后应做好完整检查。

闸门启闭操作规程及管理制度上墙明示。

闸门的启闭操作必须严格按调度令进行，任何人不得随意启闭闸门。闸门出现较严重的问题时，应做好标记，及时向上级管理部门报告。

2.2.3 土石坝常见问题巡视检查

土石坝巡视检查时要注意一些常见问题，主要包括裂缝、渗漏、滑坡和塌坑等。

2.2.3.1 **裂缝的检查**

1. 裂缝的种类及特征

土石坝裂缝一般是由滑坡、不均匀沉降、干裂等原因引起的，按其方向可分为纵向裂缝、横向裂缝、斜向裂缝、龟状裂缝和水平裂缝等。

不同种类的裂缝产生的原因不同，对大坝形成的危害也不同，巡视检查时对发现的裂缝应弄清楚其产生的原因。

裂缝一般发生在坝顶与坝坡，也有隐藏在内部的。

1) 干缩裂缝

干缩裂缝产生原因是日光曝晒、水分蒸发等。通常在坝体表面分布较广，呈龟裂状，密集交错，一般缝不宽、深度较浅，如图 2-13 所示。

干缩裂缝较小时对大坝危害不大，当裂缝深度延伸至库水位以下或低于库水位时要及时进行修补处理。

图 2-13 干缩裂缝

2) 横向裂缝

横向裂缝是指走向与坝轴线大致垂直的裂缝，如图 2-14 所示。

横向裂缝产生的原因是坝体内或坝基产生不均匀沉陷，一般接近铅直或稍有倾斜地伸入坝体内。缝深几米到十几米，上宽下窄，缝口宽几毫米至十几厘米。横向裂缝对坝体危害极大，特别容易贯穿心墙或斜墙，形成集中渗流通道。

3) 纵向裂缝

纵向裂缝是指平行于坝轴线的裂缝，分为纵向沉降裂缝和纵向滑坡裂缝，如图 2-15 所示。

纵向裂缝产生原因是坝体或坝基产生较大的不均匀沉陷。一般规模较大，裂缝垂直地向坝体内部延伸，多发生在坝的顶部和坝坡表面。其长度一般可延伸数十米至数百米，缝深几米至几十米，缝宽几毫米至几十厘米。

图 2-14　土石坝横向裂缝(伴有纵向裂缝)

图 2-15　土石坝纵向裂缝

2. 裂缝检查内容

土石坝裂缝检查内容应做好记录(记录表见附录 2 附表 2-2),标注日期,掌握其发展变化规律。检查内容主要包括裂缝的长度、缝宽和缝深。

(1)长度:可用皮尺沿缝迹测量。

(2)缝宽:可在缝宽最大处,选择几个有代表性的测点,用钢尺测量。

(3)缝深:用细铁丝探测。深度较大时报上级主管部门批准进行坑探。坑探时可向裂缝中灌入石灰水,然后挖坑探测缝深及走向,深度以挖至裂缝尽头为准。

裂缝在未判明性质及处理前,应撒石灰设置标记,以便继续观察记录,将裂缝口覆盖塑料布并压重保护起来,防止雨水流入或人畜破坏,使裂缝失去原状。

2.2.3.2　渗漏的检查

1. 渗漏的种类及特征

渗漏分正常渗漏和异常渗漏。正常渗漏特征:渗水从坝体排水体或坝后基础中渗出,清澈见底、不含土粒,渗漏量变化很小,有时还会有所减少。异常渗漏特征:渗流量超过设计允许值或在其他部位渗出。

土石坝渗漏按发生的部位,可分为坝体渗漏、坝基渗漏和绕坝渗漏。其中,坝体渗漏可分为散浸(渗水)、集中渗漏。散浸一般由于上游库水位较高时,下游坡渗水出逸点较高,在下游坝面形成细小、分布广的渗流,形成大片散浸区。集中渗漏一般由于裂缝、土壤孔隙等原因,在下游坡或坝脚附近出现横贯坝体或坝基的渗漏孔洞,水流成股渗出的渗漏。

异常渗漏的判别:

(1)坝体内部发生集中渗漏时,渗水由清变浑,明显有土颗粒或渗水量突然增大。

(2)如果渗水量突然减少或中断,有可能是渗漏通道或顶壁坍塌堵塞。

(3)下游排水体附近、排水沟以外地面,出现冒水翻砂或沼泽化现象,表明坝基出现异常渗漏。

(4)排水设施突然停止排水,有可能是发生堵塞。

(5)在库水位相同的情况下,下游渗漏量突然增大或减少过多,都属于异常渗漏,因此进行渗流观测时应记录好库水位及降雨情况。

土石坝渗漏的巡视检查是用肉眼观察坝体、坝基、坝脚排水体、岸坡、坝体与岸坡或混凝土建筑物结合处是否有渗水、潮湿及渗流量的变化等。

2. 渗漏检查内容

如果大坝渗漏，一般在外观上都有一些迹象可以看得出来，见图2-16、图2-17。例如，坝坡面局部范围有潮湿现象，土质比较松软，杂草也比较茂盛，湿土面积大，冒水泡，阳光照射有反光现象。当需进一步鉴别时，若能用钢筋或树枝轻易插入，拔出时带有泥浆且水温较低则表明该处有渗漏现象。在坝脚处，杂草茂盛、土质松软潮湿，甚至积水，如果人踩上去就往下陷，那就是已经"沼泽化"了。在坝体和坝肩接合部位，如果杂草生长茂盛，则可能有接触渗漏或绕坝渗漏。

图2-16　坝体漏水图

图2-17　集中渗漏

1）坝体渗漏

坝体渗漏一般指在坝体下游坡看到明显细小的渗水逸出。渗漏严重时，会形成集中的水流，当有块石护坡时，甚至可以听到潺潺的流水声，这种情况非常危险。发现集中渗漏时，密切观察渗漏水的浑浊程度、渗水量及其变化情况。如果渗水的颜色由清水变浑浊，或者明显地挟带有土颗粒，而渗透水量又突然增大，表明坝体内部可能已经发生渗透破坏了。当渗透水量突然变小或者中断了，表明可能是上部土体坍塌，暂时把渗漏通道堵塞了，此时要严密加强观察。在坝下涵管出口处，也会有类似的现象，观察方法也是一样的。

在观测坝体渗漏时，要记录渗漏的部位、范围大小、高程、渗漏水量的大小与浑浊情况，以及其他相关的情况。同时记录观测的时间、库水位、观测者和记录者的姓名等（见附录2 附表2-3）。

2）坝基渗漏

在下游排水体附近，或排水沟以外的地面，有明显的渗水逸出，或冒水翻砂，或沼泽化（芦草茂盛）等现象，属坝基渗漏。坝基渗漏常导致坝下游坡脚附近发生管涌或流土。

3）绕坝渗漏

绕坝渗漏指坝下游两端与岸坡连接处或附近岸坡，有明显的渗水出逸。

3. 几种严重渗漏情况介绍

1）管涌

管涌指坝基中砂砾土的细粒被渗透水流带出基础以外，形成孔道，产生集中涌水的现象。管涌的出水口多呈孔状，出口处"翻砂鼓水"，形如"泡泉"，冒出黏土粒或细砂，形成

“砂环”。出水口的大小不一样,小的如蚁穴大小,大的可达几十厘米。出水口的多少也不一样,少的只有1~2个,多的成群出现。管涌险情发展下去,坝基土被淘空,引起建筑物塌陷,造成垮坝事故,见图2-18。

2)流土

流土指在渗流作用下,坝基局部土体表面隆起或大块土体松动而随渗水流失的现象。由于土体出现鼓胀、浮动现象,流土又叫“牛皮胀”。若地基土是较均匀的细砂,会出现小泉眼、冒气泡,继而土颗粒向上鼓起,发生浮动、跳跃,这种现象也称为“砂沸”。

3)漏洞

在检查中,如果在下游坡或坝坡脚附近能看到明显的水流,甚至能听到哗哗的流水声,这表明大坝已有漏洞了,见图2-19。此时,首先要找到漏洞进水口,一般采用水面观察的方法。因为漏洞进水口附近的水体容易出现漩涡,所以先观察水面有没有漩涡,如果看到漩涡,就可以确定漩涡下有漏洞进水口。如果漩涡不明显,可将米糠、锯末等漂浮物撒于水面,当发现这些东西在水面打漩或集中在一处时,那就表明此处水下有漏洞进水口。也可采用洒红墨水的办法,观测红墨水过坝历时。如在夜间查看,必须用照明设备。有条件时,最好请专业潜水人员下水探查漏洞,但要确保人身安全。

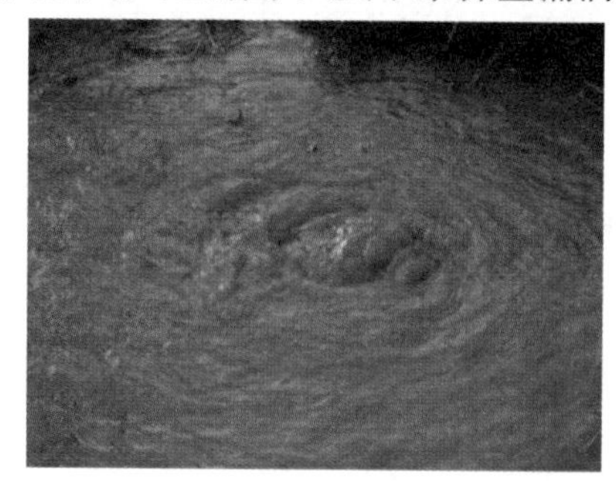

图2-18 管涌

图2-19 下游坝脚漏洞

2.2.3.3 滑坡的检查

1.滑坡的种类及特征

土石坝坝坡的一部分土体,由于各种原因失去平衡,发生显著的相对位移,脱离原来位置向下滑移的现象,称为滑坡。

滑坡根据部位分为上游滑坡和下游滑坡,见图2-20、图2-21;根据深度分为浅层滑坡和深层滑坡。

滑坡前会出现滑坡裂缝,因此检查时应注意观测并判断是否存在滑坡裂缝。滑坡裂缝的特征是:①裂缝两端向坝坡下部逐渐弯曲,呈弧形。②坝坡出现上部下陷,下部隆起,断面呈马鞍形。③裂缝的缝宽和错距的发展随时间增长而加快。由于滑坡危害大,一旦发现滑坡裂缝则应立即上报处理。

2.滑坡检查内容

土石坝滑坡检查既应做好平时巡视检查,同时应在重点时期特别加强检查。

在水库运用的重点时期,如除险加固后遇初期蓄水、汛期高水位、特大暴雨、库水位骤

图 2-20 下游坡滑坡

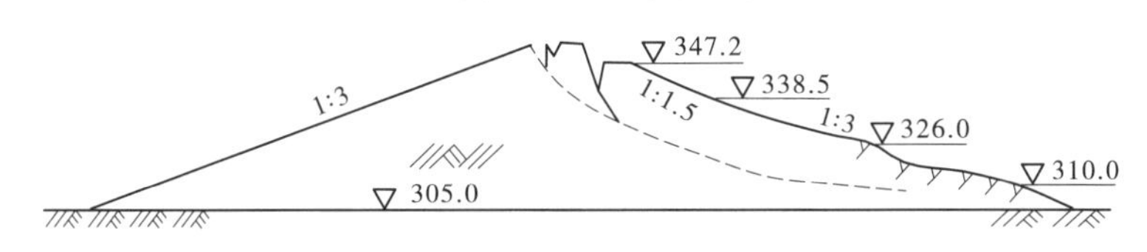

图 2-21 滑坡

降、连续放水、有感地震或坝区附近大爆破、长期干旱后重新蓄水,应检查坝体是否发生滑坡。

高水位持续期,注意检查下游坝坡有无滑坡。库水位骤降期间,注意检查上游坝坡有无滑坡。暴雨期间,注意检查上下游坝坡有无因雨水饱和而产生滑坡。

发现滑坡后,记录发生滑坡的位置并拍照。用尺测量滑坡的范围及发生的位移大小。查找周围裂缝,记录裂缝的发展变化,对裂缝做好防止雨水入渗措施。查清滑动体附近有无渗流区。

2.2.3.4 塌坑的检查

1. 塌坑的种类及特征

塌坑是在坝顶、上下游坡、坝脚等部位突然发生局部下陷形成的险情。

塌坑里没有水或者稍有湿润的,称为干塌坑;有水的塌坑称为湿塌坑。

塌坑的特征及产生原因:①坝身严重渗水或形成漏洞、坝基管涌、坝内涵管破裂未及时发现,土料被带走发生下陷;②坝体或基础内部沉降引起;③动物如白蚁、老鼠洞穴形成空洞,发生下陷;④上游波浪冲蚀,带走坝体细粒土料或护坡下的垫层材料,被掏空后形成塌坑。

2. 塌坑的检查内容

塌坑现象肉眼极易观察,除风浪淘刷和白蚁洞穴引起的塌坑外,多数塌坑是由于渗流破坏引起的。因此,要从引起渗流的原因来检查塌坑可能发生的部位。例如,塌坑位置在坝内放水涵管轴线附近,可能是放水涵管断裂漏水引起;排水体上部坝坡的塌坑,可能是排水体破坏引起的;坝体与山坡接合不好产生绕坝渗漏引起塌坑等,见图2-22。

(a) (b)

图2-22 塌坑现象

发现塌坑,要认真做好记录。主要检查内容有塌坑的位置、高程,塌坑的形状、范围大小、深度。做记录时,附上绘制的草图,必要时拍照。注意观察塌坑发展变化的快慢情况,见附录2附表2-4。

2.3 混凝土坝(浆砌石坝)的巡视检查

2.3.1 混凝土坝(浆砌石坝)巡视检查的方法

2.3.1.1 常规检查方法

通过目视、耳听、手摸,同时辅以相应的工具和仪器进行检查。检查中可以用到以下方法:

(1)坝体裂缝。应测量裂缝所在位置、高程、走向、长度、宽度等,并详细记载,绘制裂缝平面位置图、形状图,必要时进行拍照。对重要裂缝,应埋设标点进行观测,见附录2附表2-5。

(2)坝体渗漏。应测定渗水点部位、高程、桩号,详细观察渗水色泽,有无游离石灰和黄锈析出。做好记载并绘好渗水点位置图,或进行拍照。应尽可能查明渗漏路径,分析渗漏原因及危害。可用以下简易法测定渗水量,见附录2附表2-6。

①将脱脂棉花或纱布,先称好质量,然后铺贴于渗漏点上,记录起止时间,取下再称质量,即可算得渗水量。

②用容积法测量渗漏水量,观测时用秒表计时,测量某一时段引入容器的全部渗透水,测水时间应不少于10 s。

(3)其他检查。检查混凝土有无脱壳,可以用木锤敲击,听声响进行判断;对表面松软程度进行检查,可用刀子试剥进行判断;对混凝土的脱壳、松软及剥落,应量测其位置、面积、深度等。对浆砌石坝还应检查块石是否松动,勾缝是否脱落等。

2.3.1.2 重点部位检查

(1)坝顶检查。沿坝顶一端至另一端步行巡视。

(2)上游坝面检查。应从坝顶、坝肩或小船上检查上游坝面。

(3)水下检查。在某些情况(如在水位线以上发现问题或在廊道内部发现渗漏),应派潜水员在水位线以下特定部位检查上游坝面。

(4)下游坝面检查。如发生渗漏、建筑物有损坏或高水位运行,应加强下游坝面检查。下游坝面检查时应注意:①仔细地检查整个坝面;②从多个角度观察坝面,如分别从坝顶、坝趾尾水处等不同部分;③注意坝基建筑物与地基材料连接的坝趾。

(5)上、下游坝区检查。①下游坝区检查时,注意是否有滑坡、塌坑、渗水潮湿区域及植物生长茂盛坝区、坝趾和坝肩的渗漏;②观察上游坝区一些滑坡或位移等不稳定征兆;③注意坝肩与坝面连接点,观察坝肩的裂缝与失稳征兆或坝肩岩石附近的裂缝。

(6)砌石的检查。查看缝间砂浆是否完好,可用锤或镐等工具帮助检查;检查接缝有无渗漏、损坏和裂缝;查看砌石块有无松动迹象。

2.3.2 混凝土坝(浆砌石坝)巡视检查的内容

2.3.2.1 大坝的检查

1.坝体

对坝顶、上下游坝面、溢流面、廊道及集水井、排水沟等处进行巡视检查,检查有无裂缝、渗水、侵蚀、脱落、冲蚀、松软及钢筋裸露等现象,排水系统是否正常,有无堵塞;还应检查伸缩缝、沉陷缝的填料、止水片是否完好,有无损坏和漏水,缝两侧坝体有无异常错动,坝与两岸及基础连接部分的岩体有无风化、渗漏等情况。

具体包括下列内容:

(1)相邻坝段之间有无错动。

(2)伸缩缝和止水工作情况是否正常。

(3)坝顶、上下游坝面、廊道有无裂缝,裂缝有无渗漏和溶蚀情况。

(4)混凝土有无渗漏、溶蚀、侵蚀和冻害等情况。

(5)坝体排水孔的工作状态是否正常,渗漏水量和水质有无明显变化。

2.坝基和坝肩

坝基和坝肩的检查应包括以下内容:

(1)基础有无挤压、错动、松动和鼓出。

(2)坝体与基岩或岸坡结合处有无错动、开裂、脱离和渗漏情况。

(3)两岸坝肩区有无裂缝、滑坡、溶蚀、绕渗及水土流失情况。

(4)基础防渗排水设施的工况是否正常,有无溶蚀、渗漏水量和水质有无变化,扬压力是否超限。

2.3.2.2 泄水建筑物

(1)闸墩、胸墙、边墙、溢流面、闸底板有无裂缝、渗漏、溶蚀、磨损、空蚀、碳化、钢筋锈蚀和冻害等情况,伸缩缝和排水孔是否完好。

(2)消能设施有无冲刷、磨损和空蚀,岸坡有无冲刷和滑坡等情况。

(3)工作桥和交通桥有无不均匀沉陷、裂缝、碳化和钢筋锈蚀等情况。

2.3.2.3　**输水建筑物**

（1）进水口有无滑坡，进水塔或竖井有无裂缝、渗漏、溶蚀、磨损、空蚀、碳化、钢筋锈蚀和冻害等情况。

（2）洞身有无裂缝、渗漏、溶蚀、磨损、空蚀等情况，伸缩缝开合和止水情况是否正常。

（3）消能设施有无冲刷、磨损和空蚀情况。

注意在泄洪前、泄洪中和泄洪后重点对溢洪道进行检查。

2.4　小型水库的观测

小型水库巡视检查时，要进行一些项目的观测，常见观测项目有降雨量、水位和渗流量。有些小型水库已安装水库管理信息系统，可实现自动采集水库水位、降雨量等信息，该系统的简介见附录3。

2.4.1　降雨量观测（雨量器观测）

降雨量是以降落到地面的水层深度来表示的，用人工观测方法或自动雨量计来观测，单位以mm（毫米）计，取一位小数。所测降雨量乘以库区集雨面积即为降落到库区的降雨总量。

2.4.1.1　**人工观测方法（雨量器观测）**

（1）从雨量器中小心取出承雨瓶，如图2-23所示。

（2）将瓶内的水倒入雨量杯，如图2-24所示。

图2-23　取出承雨瓶

图2-24　将瓶中水倒入雨量杯

（3）将雨量杯放在水平桌面上。

（4）视线与水面平齐，以凹液面最低处为准，读取刻度数。

（5）观测记录。将观测数据记录到水库水位、降雨量观测记录表（见附录2附表2-7）。

2.4.1.2　**观测次数**

（1）除每天8时观测一次外，降大雨之日应在20时验查一次。

（2）暴雨时适当增加观测次数。

(3)自动雨量计有降雨时每天8时换自记纸,无降雨时可几天换一次,记录纸上要注明每天降雨量。

(4)以每日8时作为日分界,以本日8时至次日8时的24 h内所有降雨量为本日降雨量。

2.4.1.3 雨量器的维护

(1)注意清除承水器、储水瓶内的昆虫、尘土、树叶等杂物。每次观测后必须将承水器放好,否则会造成承水器倾斜等现象。

(2)每月检查一次雨量器的水平情况、外筒有无漏水现象,发现问题及时纠正。

(3)承水器的刀刃口面要保持正圆,避免碰撞。

2.4.2 水位观测(水位尺观测)

小型水库主要观测坝前水位,以掌握水库蓄水量和进出水库水量,一般用水位尺进行观测。

2.4.2.1 观测方法

读水位尺时,观测者应尽量蹲下身体,视线接近水面,读取水面水位尺数值,即为水尺读数,见图2-25。水尺读数加上水尺零点高程,即为水位。水位以米(m)表示,读数记至厘米(0.01 m)。有波浪时读最大值和最小值,然后取两者平均值作为最后水尺读数。

2.4.2.2 观测次数

(1)在一般情况下,每天早上8时观测水位一次。遇到强降雨,或库水位变化较快时,要增加观测次数;当库水位上涨到设计洪水位时,应1 h观测一次。

(2)水库输水管开启(关闭),开始输水(停水)时各加测一次。

(3)水库开始溢洪及停止溢洪各加测一次,溢洪期间每隔一定时间观测一次,其他可根据水库具体情况确定水位观测次数。

(a)

(b)

图2-25 水位观测

2.4.3 渗流量观测

对坝身、坝基、绕坝的渗流量观测时,一般在坝下游能汇集渗水的地方,设置集水沟,在集水沟出口处布置量水设备。

2.4.3.1 **观测方法**

根据渗流量的大小和汇流条件,可采用量水堰法和容积法观测。量水堰设在集水沟的直线段上,一般采用三角堰形式。

1. 三角堰观测法

三角堰观测法适用于出水流畅、集水沟为平直段的情况。专管人员每次检查时必须记录三角堰的过水深度,并将渗流量记录(包括相应库水位和气象)和分析情况,每年汇总一次报管理单位领导和上级主管部门。

三角堰底角一般为直角,过水断面为等腰三角形,如图 2-26 所示。

1)一般规定

水库渗流量观测采用量水堰法(适用于渗漏量为 1 ~ 70 L/s 的情况),观测设备用测针,渗漏量较少的用精确到 mm 的钢尺。

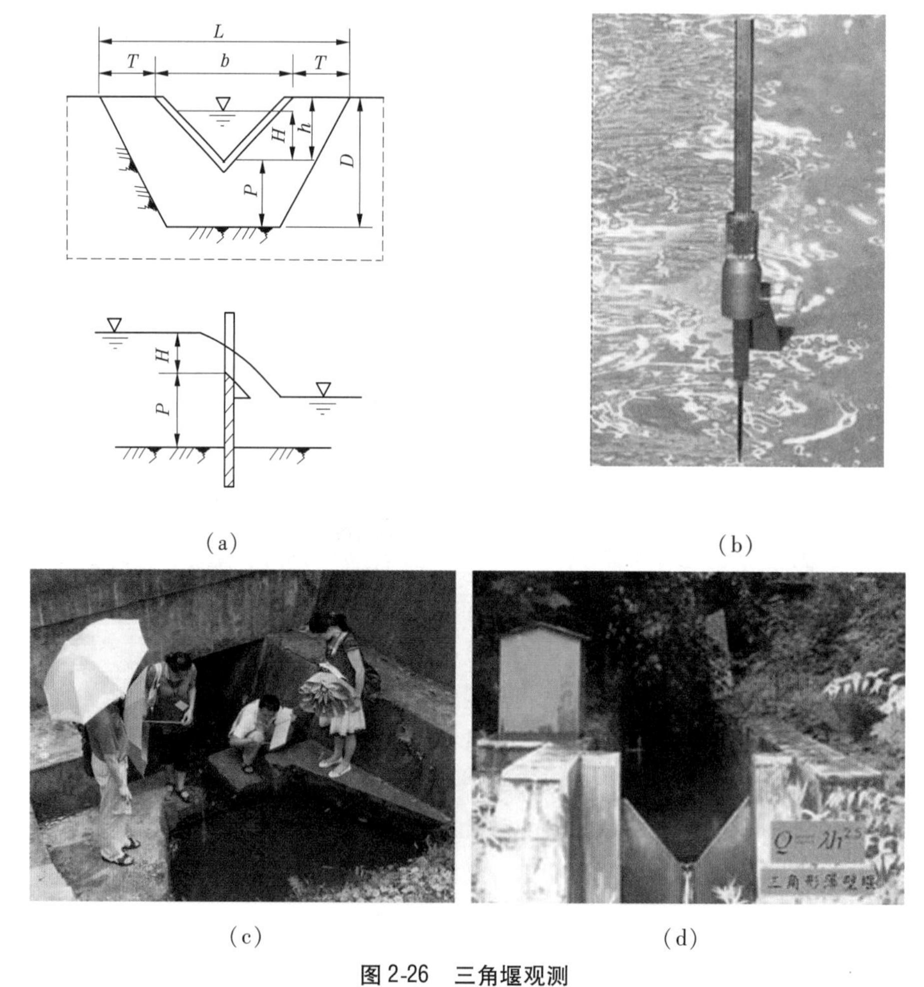

图 2-26 三角堰观测

直角三角堰自由出流的流量可由式(2-1)计算求得,也可查三角堰水头高度与过堰流量查算表(见表 2-2)。

$$Q = 0.014H^{5/2} \tag{2-1}$$

式中 Q——过堰流量,L/s;

H——三角堰水头,cm,见图 2-26。

2)观测方法

(1)在指定的测点上放平测针。

(2)让测针针尖接近水面,并通过微调使针尖恰好接触水面。

(3)读出测针整数和小数部分的刻度,读数读至 0.1 mm。

(4)连续进行两次观测,取两次观测平均值为最后读数。

(5)做好记录,见附录 2 附表 2-8。

表 2-2 三角堰水头高度与过堰流量查算表 (单位:L/s)

水头高度	H 的尾数									
H(cm)	0.0	0.1	0.2	0.3	0.4	0.5	0.6	0.7	0.8	0.9
1	0.014	0.018	0.022	0.027	0.033	0.039	0.046	0.054	0.062	0.071
2	0.080	0.091	0.102	0.114	0.128	0.140	0.155	0.170	0.186	0.203
3	0.221	0.240	0.260	0.281	0.303	0.325	0.349	0.374	0.400	0.427
4	0.454	0.483	0.513	0.544	0.577	0.610	0.644	0.680	0.717	0.755
5	0.794	0.828	0.869	0.912	0.955	1.000	1.046	1.094	1.142	1.192
6	1.243	1.296	1.350	1.405	1.461	1.519	1.578	1.638	1.700	1.768
7	1.828	1.894	1.961	2.030	2.100	2.172	2.245	2.320	2.396	2.473
8	2.552	2.633	2.715	2.798	2.884	2.970	3.058	3.148	3.239	3.332
9	3.426	3.522	3.620	3.719	3.820	3.922	4.026	4.132	4.239	4.348
10	4.459	4.539	4.652	4.767	4.883	5.002	5.121	5.243	5.366	5.492
11	5.618	5.747	5.877	6.009	6.143	6.279	6.416	6.555	6.696	6.839
12	6.984	7.130	7.278	7.428	7.580	7.734	7.890	8.047	8.206	8.368
13	8.531	8.696	8.862	9.031	9.202	9.375	9.550	9.726	9.904	10.084
14	10.267	10.451	10.638	10.826	11.016	11.209	11.403	11.599	11.797	11.998
15	12.200	12.316	12.521	12.727	12.936	13.148	13.361	13.576	13.793	14.012
16	14.234	14.457	14.683	14.910	15.140	15.372	15.606	15.842	16.080	16.320
17	16.563	16.808	17.054	17.303	17.554	17.808	18.063	18.321	18.581	18.842
18	19.107	19.374	19.642	19.913	20.186	20.462	20.740	21.019	21.302	21.585
19	21.872	22.161	22.453	22.746	23.042	23.340	23.640	23.943	24.248	24.555
20	24.865	24.996	25.308	25.622	25.939	26.258	26.580	26.903	27.229	27.558
21	27.889	28.222	28.557	28.895	29.236	29.579	29.924	30.271	30.621	30.973
22	31.328	31.685	32.045	32.407	32.772	33.319	33.508	33.880	34.254	34.631
23	35.011	35.392	35.777	36.163	36.553	36.944	37.339	37.736	38.135	38.537
24	38.941	39.348	39.757	40.169	40.584	41.001	41.421	41.843	42.268	42.695
25	43.125	43.242	43.674	44.109	44.546	44.985	45.428	45.873	46.320	46.770
26	47.223	47.678	48.136	48.597	49.060	49.526	49.995	50.466	50.940	51.416
27	51.895	52.378	52.862	53.350	53.839	54.332	54.827	55.325	55.826	56.329
28	56.835	57.344	57.856	58.370	58.887	59.406	59.929	60.454	60.982	61.513

2. 容积法

容积法适用于渗流量小于 1 L/s 的情况。观测时用秒表计时,测量某一时段引入容器的全部渗流水。测水时间应不少于 10 s。当渗流量很少时,还应延长时间并设法避免或减小蒸发对渗流观测的影响,观测中应测定两次。取两次平均值为测量结果。两次观测值之差不得大于测量结果的 5%。

观测方法如下:

(1)让秒表归零,检查承水容器是否完好可用并无杂物。

(2)将渗流水全部引入承水容器,并同时按动秒表开始计时。

(3)当计时到 2 min 时,同时停止计时和装渗流水,量出容器内的水量。

2.4.3.2 观测次数

渗流量观测每旬观测一次,大坝出现异常现象时增加测次。

3 小型水库养护

小型水库的养护工作包括日常安全防护和日常养护。日常安全防护是指为消除危害建筑物的社会行为和人为损害所做的日常保护工作;日常养护是指为保持工程完整、防止建筑物发生损坏所做的日常维修和局部修补工作。

小型水库应加强日常养护,及时消除大坝表面的缺陷和局部工程问题,随时防护可能发生的损坏,保持大坝工程和设施的安全、完整、正常运用。

小型水库的修理是对原有工程进行修复或加固,不改变原有工程型式和结构。修理工作包括岁修、大修和抢修。岁修是指一年一度对建筑物进行的全面整修工作;大修是指建筑物遭到较大程度破坏,需要进行工程加固,才能恢复正常工作;抢修是指建筑物遭受突然破坏,造成险情,危及工程安全的情况下,进行的紧急抢护措施。岁修和大修进行的是永久性工程。

日常养护必须坚持“经常养护,随时维修,养重于修,修重于抢”。首先做好工程的养护工作,防止损坏的发生和发展;发生损坏后,必须及时上报和修理,防止扩大。

养护管理人员必须做到:保持大坝的整洁,保持坝体的轮廓点、线、面清楚明显;坝顶坑洼易于集水,必须填补平整;大坝及上坝道路上的杂草,在汛期每月至少清除一次,护坡草高度控制在 10 cm 以下;及时清除溢洪道内杂草、杂物,保证溢洪道畅通;对启闭机、闸门等设施设备进行简单的维修养护。

3.1 土石坝养护

土石坝养护工作的主要内容包括日常安全防护和日常养护。

3.1.1 土石坝日常安全防护

根据《土石坝养护修理规程》(SL 210—2015),专管人员为做好日常安全防护工作应严格执行以下几条:

(1)坝面上不得种植树木和农作物,不得挖坑、放牧、铲草皮及搬动护坡和导渗设施的砂石材料等。

(2)坝坡不得修建或作为船只和装卸货物,船只在坝坡附近不得高速行驶;坝前如有较大的漂浮物和树木应及时打捞,以免坝坡受到冲撞和损坏。

(3)严禁在大坝管理和保护范围内进行爆破、打井、采石、采矿、挖沙、取土、修坟等危害大坝安全的活动。

(4)严禁在坝体修建码头、渠道,严禁在坝体堆放杂物、晾晒粮草。在大坝管理和保护范围内修建码头、鱼塘,必须经大坝主管部门批准,并与坝脚和泄水建筑物、输水建筑物保持一定距离，不得影响大坝安全、工程管理和抢险工作。

（5）大坝坝顶严禁各类机动车辆行驶。若大坝坝顶确需兼作公路，须经科学论证和上级主管部门批准，并应采取相应的安全维护措施。

（6）作为饮水水源地的小型水库，应禁止网箱养鱼、限制开发旅游等项目。

3.1.2　土石坝日常养护

3.1.2.1　坝顶和坝端

（1）坝顶养护应达到坝顶平整，无积水，无杂草，无弃物；防浪墙、坝肩、踏步完整，轮廓鲜明；坝端无裂缝，无坑洼，无堆积物。

如坝顶出现坑洼和雨淋沟缺，应及时用相同材料填平补齐，并应保持一定的排水坡度；对经主管部门批准通行车辆的坝顶，如有损坏，应按原路面要求及时修复，不能及时修复的，应用土或石料临时填平；坝顶的杂草、弃物应及时清除。

防浪墙、坝肩和踏步出现局部破损，应及时修补或更换。

（2）坝端出现局部裂缝、坑洼，应及时填补，发现堆积物应及时清除。

3.1.2.2　坝坡

坝坡养护应达到坡面平整，无雨淋沟缺，无荆棘杂草滋生现象；护坡砌块应完好，砌缝紧密，填料密实，无松动、塌陷、脱落、风化、冻毁或架空等现象。

（1）干砌块石护坡的养护。及时填补个别脱落或砌紧松动的护坡石料；及时更换风化或冻毁的块石；块石塌陷、垫层被淘刷时，应先翻出块石，恢复坝体和垫层后，再将块石砌紧密。

（2）混凝土或浆砌块石护坡的养护。及时填补伸缩缝内流失的填料，填补时应将缝内杂物清洗干净；护坡局部发生侵蚀剥落、裂缝或破碎时，应及时采用水泥砂浆表面抹补、喷浆或填塞处理，处理时表面应清洗干净；如破碎面较大，且垫层被淘刷、砌体有架空现象，应用石料做临时性填塞，岁修时进行彻底整修；排水孔如有不畅，应及时进行疏通或补设。

（3）草皮护坡的养护。应经常修整、清除杂草，除草时间为汛期每月一次，非汛期每两个月一次；干旱季节，应及时洒水养护；出现雨淋沟缺时，应及时还原坝坡，补植草皮。

（4）对于堆石护坡或碎石护坡，石料如有滚动，造成厚薄不均，应及时进行平整。

3.1.2.3　排水设施

（1）各种排水、导渗设施应达到无断裂、损坏、阻塞、失效现象，排水畅通。

（2）必须及时清除排水沟（管）内的淤泥、杂物及冰塞，保持通畅。

（3）对排水沟（管）局部的松动、裂缝和损坏，应及时用水泥砂浆修补。

（4）排水沟（管）的基础如被冲刷破坏，应先恢复基础，后修复排水沟（管）；修复时，应使用与基础同样的土料，恢复到原来断面，并应严格夯实；排水沟（管）如设有反滤层，也应按设计标准恢复。

（5）随时检查下游排水或导渗设施周边山坡的截水沟，防止山坡浑水淤塞坝趾、导渗排水设施。

3.1.2.4 **坝基**

（1）设置在坝基和坝区范围内的排水、观测设施和绿化区，应保持完整、美观，无损坏现象。

（2）发现坝基范围内有新的渗漏逸出点时，不要盲目处理，应设置观测设施进行观测，待弄清原因后再进行处理。

3.1.2.5 **观测设施**

各种观测设施要保持完整，无损坏、变形、堵塞等现象。水位尺受到碰撞破坏，要及时修复，并校正。量水堰板上的附着物和量水堰上下游的淤泥或堵塞物，要及时清除。

3.2 混凝土坝（浆砌石坝）养护

混凝土坝养护工作包括日常安全防护和日常养护，浆砌石坝养护可参照执行。

3.2.1 混凝土坝日常安全防护

根据《混凝土坝养护修理规程》（SL 230—2015），专管人员应严格执行以下几项安全规定：

（1）严禁在大坝管理和保护范围内进行爆破、炸鱼、采石、取土、打井、毁林开荒等危害大坝安全和破坏水土保持的活动。

（2）严禁将坝体作码头停靠各类船只。在大坝管理和保护范围内修建码头，必须经大坝主管部门批准，并与坝脚和泄水建筑物、输水建筑物保持一定距离，不得影响大坝安全和工程管理。

（3）经批准兼作公路的坝顶，应设置路标和限荷标示牌，并采取相应的安全防护措施。

（4）严禁在坝面堆放超过结构设计荷载的物资；严禁使用引起闸墩、闸门、桥、梁、板、柱等超载破坏和共振损坏的冲击、振动性机械；严禁在坝面、桥、梁、板、柱等构件上烧灼；有限制荷载要求的建筑物必须悬挂限荷标示牌。各类安全标志应醒目、齐全。

（5）作为饮水水源地的小型水库，应禁止网箱养鱼、限制开发旅游等项目。

3.2.2 混凝土坝日常养护

混凝土坝日常养护包括工程表面、伸缩缝止水设施、排水设施、监测设施等的养护，以及冻害、碳化与氯离子侵蚀、化学侵蚀等的防护。工程表面指大坝坝顶面、上下游坡面及廊道，溢洪道，输、泄水洞（管），过坝建筑物，厂房，坝肩、岸坡等表面。

3.2.2.1 **表面养护**

（1）坝面和坝顶路面应经常整理，保持清洁整齐，无积水、散落物、杂草、垃圾和乱堆的杂物、工具。坝体表面局部损坏或砌石松动，要及时用混凝土或砂浆修补。

（2）过水面应保持光滑、平整，否则应及时处理；泄洪前应清除过水面上能引起冲磨损坏的石块和其他重物。

（3）发生轻微化学侵蚀时，采用涂料层防护，严重侵蚀时采用浇筑或衬砌保护层防护；已形成渗透通道或出现裂缝侵蚀，采用灌浆封堵可涂层防护。

3.2.2.2　**伸缩缝止水设施养护**

(1)各类止水设施应完整无损、无渗水或渗漏量不超过允许范围。

(2)沥青井出流管、盖板等设施应经常保养,溢出的沥青应及时清除。

(3)伸缩缝充填物老化脱落,应及时充填封堵。

3.2.2.3　**排水设施养护**

(1)排水设施应保持完整、通畅。

(2)坝面、廊道及其他表面的排水沟、孔应经常进行人工或机械清理。

(3)坝体、基础、溢洪道边墙及底板的排水孔应经常进行人工掏挖或机械疏通,疏通时应不损坏孔底反滤层。无法疏通的,应在附近补孔。

(4)集水井、集水廊道的淤积物应及时清除。

3.2.2.4　**观测设施养护**

(1)有防潮湿、锈蚀要求的观测设施,要定期进行防腐处理。

(2)动物在监测设施中筑的巢窝应及时清除,易被动物破坏的要设防护装置。

3.3　溢洪道养护

溢洪道承担着泄洪的重要作用,是水库专管人员日常检查和维护的重点。溢洪道常见问题有岸坡滑塌、冲刷和淘刷、裂缝和渗漏。养护时应使溢洪道进出口应保持整洁、畅通,如有石块、竹木和漂浮物(见图3-1),必须清除。泄水渠和消力池的底板、侧墙或边坡如出现裂缝、崩塌等损坏,应及时进行抢修。

(1)进水口、消力池、门槽范围内的砂石、杂物应定期清除。不得以任何其他原因减小溢洪道的过水断面,或筑子堰,任意抬高溢洪道底坎高程。不得在溢洪道进口附近设置网眼太密的拦鱼栅。

(2)溢洪道两岸坡是否有易垮塌的危岩,特别是暴雨以后和融冰时期,要加强检查,应及时削缓或加固处理,以免行洪时突然发生岸坡垮塌阻塞溢洪道,导致洪水漫坝事故发生。

(3)溢洪道钢筋的混凝土保护层受到侵蚀损坏时,应根据侵蚀情况分别采用涂料封闭、砂浆抹面或喷浆等措施进行处理。

3.4　输水建筑物养护

小型水库多采用输水管(洞)等输水建筑物取水方式。日常养护做到进出口保持畅通,及时清除石块、竹木和漂浮物,以保持输水通畅。输水管(洞)常见问题有裂缝、渗漏、断裂、堵塞、填埋等。

(1)建筑物上的进水孔、排水孔、通气孔等均应保持畅通。经常露出水面的底部钢筋混凝土构件,应采取适当的保护措施,防止腐蚀和破坏。

(2)混凝土建筑物出现裂缝、渗漏情况,专管人员应立即报主管单位,并加强观测。

图 3-1　溢洪道堵塞

(3)启闭机房应保持干净、整洁,且应上锁。

3.5　闸门及启闭机养护

3.5.1　日常养护

日常养护一般要求:闸门及启闭机结构牢固、操作灵活、制动可靠、启闭自如、封水不漏和清洁无锈,并且要进行试运行,做好试车记录(闸门及启闭机的操作运用要点见附录4)。发现以下问题及时上报主管部门并进行适当养护修理:

(1)要经常清理闸门上附着的水生物和杂草污物等,避免钢材腐蚀,保持闸门清洁美观,运用灵活。要经常清理门槽处的碎石、杂物,以防卡阻闸门,造成闸门开度不足或关闭不严。

(2)严禁在水闸上堆放重物,以防止引起地基不均匀沉陷或闸身裂缝。

(3)门叶是闸门的主体,要求门叶不锈不漏。要注意发现门叶变形、杆件弯曲或断裂及气蚀等病害。

(4)对钢闸门表面进行定期检查,发现局部锈斑、针状锈迹时,应及时补涂涂料。

(5)闸门橡皮止水装置应密封可靠,当止水橡皮出现磨损、变形或自然老化、失去弹性且漏水量较大时,应更换橡皮止水。

(6)支承行走装置是闸门升降时的主要活动和支承部件,应加强养护,防止滚轮锈死。

(7)启闭机的动力部分应保证有足够容量的电源,定期检查供电线路是否正常。电动机的主要操作设备如闸刀、开关等,应保持清洁、干净、触点良好,接线头连接可靠,电机的稳压、过载保护装置必须可靠。

(8)电动部分的各类指示仪表,应按有关规定进行检验,保证指示正确。

(9)启闭机的传动装置,润滑油料要充足,应及时更换变质润滑油和清洗加油设施。启闭机的制动器是其重要部件之一,要求动作灵活、制动准确,若发现闸门自动沉降,应立即对制动器进行彻底检查及修理。

(10)启闭机房严禁堆放杂物,应保持干净、整洁。

3.5.2 养护时间

闸门及启闭机除日常巡视检查外,每年汛前应对启闭机、闸门、电机、线路等机电设备全面维修保养一次。确保汛期闸门开启运用。

3.6 土石坝白蚁防治

白蚁是一种喜温怕寒的昆虫,在 10 ℃以下基本蛰伏不动,10 ~20 ℃有活动并开始觅食,20 ~26 ℃活动最为猖獗,0 ℃以下和 39 ℃以上持续时间较长就会死亡。因此,3 ~6 月和 9 ~11 月是白蚁活动频繁的季节,而在寒冬季节,白蚁几乎全部集中到主、副巢里,只在巢内活动。长翅繁殖蚁成熟后,于每年春末夏初便成群飞出蚁巢,在新的地方筑巢繁殖,建立新的白蚁群体。

白蚁按栖居习性不同,大致可以分为木栖白蚁、土栖白蚁和土木两栖白蚁三种类型。水库大坝中的白蚁多属土栖白蚁。白蚁栖居地多在较潮湿阴暗、通风不良、食料集中、平时又不受惊扰的地方。因此,土石坝是白蚁喜欢筑巢繁殖的地方。白蚁的生活具有群栖性、畏光性、整洁性、敏感性、季节性和分群性等特征。

3.6.1 白蚁的基本知识

白蚁的群栖性是指同巢居住生活,单个白蚁离群就无法生存。白蚁的畏光性是因其长期过隐居生活,喜暗怕光,外出觅食都要用泥土和排泄物筑成片状的泥被和条状的泥线作为掩体,如图 3-2 所示,在掩体内行走觅食。

大坝中的土栖白蚁,主要有黑翅白蚁和黄翅白蚁两种;黑翅白蚁巢体较大,筑巢较深,可深达 2 ~3 m,对大坝危害较大。主巢周围有许多菌圃。地下蚁道呈扁圆形或拱形。分飞孔筑在蚁巢附近地面上,突出地面,形成小圆锥,泥土颗粒较小。黄翅白蚁的巢体有泥质骨架结构,筑巢浅,离地面 1 m 左右,对大坝的危害性次于黑翅白蚁。主巢周围菌圃不多。蚁路表面粗糙,可看出土粒状结构。分群孔也在蚁巢附近地面,向下凹,呈半月形或小碟形,泥土颗粒较大。

白蚁在外出、建巢中携带鸡枞菌孢子,能为鸡枞菌传播菌种;而开始发育的鸡枞菌小白球为白蚁提供各种营养和抗病物质。同时,鸡枞菌也从白蚁巢菌圃及周围环境获得营养源,如图 3-3、图 3-4 所示。

(a)

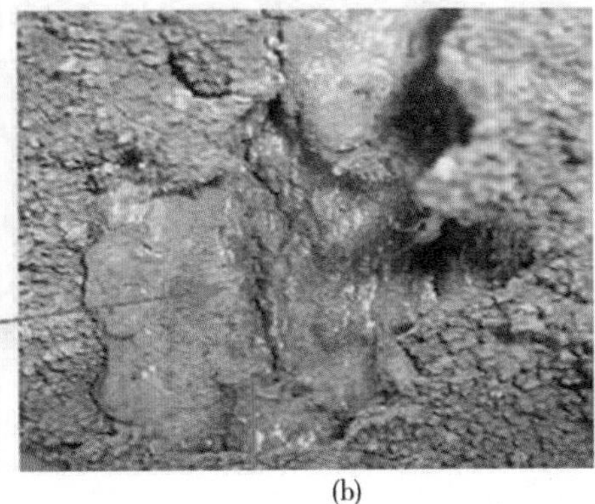

(b)

图 3-2 白蚁泥被

图 3-3 鸡枞菌生长在白蚁巢上

图 3-4 白蚁菌圃

3.6.2 白蚁的防治

白蚁的防治工作应坚持以防为主、防治结合、综合治理、安全环保、持续控制为原则。大坝蚁患区的检查范围为坝体、大坝两端及距坝脚线 50 m 范围以内，蚁源区的检查范围为大坝两端及坝脚线以外 300 ~ 500 m。防治标准是：蚁患区无成年巢白蚁活动迹象；白蚁危害程度外轻度危害及以下；蚁源区无成年巢白蚁活动迹象；引诱发现率低于 2%。

3.6.2.1 检查方法

查找白蚁巢穴一般有三种方法：人工法、引诱法和仪器探测法。

(1)地表查找。主要是在大坝坡面、草根、枯树桩、林木等处查找泥被、泥线及分群孔等白蚁活动迹象。

(2)引诱查找。采用白蚁喜食的饵料，在坝体坡面上设置引诱桩、引诱坑或引诱堆等方法引诱白蚁觅食，发现有白蚁活动迹象的桩、坑、堆后，应做好标记和记录。

(3)仪器探测法。应用探地雷达、堤坝隐患探测仪等仪器探测白蚁巢穴。

3.6.2.2 灭治方法

治理时应按照找巢、灭杀、灌填 3 个环节进行，常用方法有施药法、挖巢法、灌浆法、烟熏法和诱杀法等。

(1)施药法:施药应选择阴天或晴天的早、晚进行,不在雨前投药。在有白蚁活动的泥被、泥线边缘,分群孔,蚁道内置放饵料,或者采用普遍施药。

(2)挖巢法:根据白蚁地表活动痕迹或采取开沟截道等方式确定并追踪蚁道,直至挖取蚁巢。也可先对白蚁巢所处位置进行判断,然后定位开挖蚁巢。

(3)灌浆法:适用于均质土坝和黏土心墙坝的心墙,通过蚁道或者钻孔灌进药物泥浆。灌浆应遵循少灌多复、灌满为止的原则。

(4)烟熏法:将烟剂装入熏烟器,把输烟管放进主蚁道塞紧,使烟雾沿蚁道注入白蚁主巢、副巢及巢腔,灭杀巢内白蚁。

(5)诱杀法:有食诱法和光诱法两种。

3.6.2.3　**预防措施**

(1)认真做好清基工作。土石坝进行加高培厚或改建、扩建工程时,应认真清除基础表层的杂草,有白蚁隐患的必须先进行彻底处理后再施工;对取土场及周围都要认真进行检查和清除白蚁,严禁带有白蚁或菌圃的土料进入坝区。

(2)加强工程环境管理。在坝区和四周环境内,清除杂草,疏排水渍,定期喷药;在白蚁分飞期(4~6月),应尽量减少坝区灯光,以免招来有翅成虫繁殖,从生态环境上防止白蚁滋生,也可进行诱杀。

4 小型水库防汛抢险

防汛是天大的事,是全社会的事。根据《中华人民共和国水法》《中华人民共和国防汛条例》的规定,我国的防汛工作实行"安全第一,常备不懈,以防为主,全力抢险"的方针,遵循团结协作和局部利益服从全局利益的原则;实行各级人民政府行政首长负责制,实行统一指挥,分级分部门负责,各有关部门实行防汛岗位责任制;任何单位和个人都有参加防汛抗洪的义务。

所谓防汛,是指人们为了充分发挥已建成的防洪工程体系的作用,保障其保护区的安全,在汛期对各类水利工程设施进行防护及隐患处理,防止洪水泛滥的工作。

所谓抢险,是指汛期和非汛期,在各类水利工程设施出现险情时,为了防止险情扩大,避免水库工程失事而进行的紧急抢护工作。

小型水库土石坝应根据水库实际情况制订初期蓄水方案、调度运用规程(方案)、度汛方案(计划)、水库大坝安全管理应急预案,并建立健全水库运行管理各项规章制度,切实做好巡视检查、维修养护等各项工作。

作为小型水库专管人员,有必要了解与小型水库相关的防汛和抢险的相关知识、技能。

4.1 防汛工作

4.1.1 防汛准备

防汛准备是指每年汛期到来前,所开展的各方面准备工作,对小型水库而言,主要包括以下几个方面。

4.1.1.1 思想准备

防汛的思想准备就是要让社会各界人士都能充分认识到防汛工作的重要性、长期性、全民性,使每一个社会成员都对防汛工作有充分的思想准备,是各项准备工作的首位,不能有半点疏忽。要利用广播、报纸等多种方式,宣传防汛抗灾的重要意义,总结历年防汛抢险的经验教训,切实克服麻痹思想、侥幸心理、松懈和无所作为的情绪,坚定信心,增强抗洪减灾意识,树立团结协作、顾全大局的思想,加强组织纪律性,服从命令听指挥。充分认识到防汛工作要以防为主、防重于抢,要树立大局意识,认真抓好各项防汛准备工作。要向社会公布防汛责任人名单,同时加强法制宣传,使有关防汛工作的法规、办法家喻户晓,防止和抵制一切有碍防汛抢险行为的发生。

4.1.1.2 组织准备

组织准备主要是建立健全防汛指挥机构与办事机构,将行政首长负责制与防汛岗位责任制和防汛抢险队伍落实到位，落实防汛行政责任人、安全监督责任人、主管部门责任人、管理单位责任人、技术负责人和岗位责任人（小型水库专管人员）。

4.1.1.3　**工程准备**

工程准备是在汛前对所有与防汛有关的各项工程进行全面检查并进行相关准备，重点是落实水库大坝安全管理应急预案和防汛抢险应急预案及正在施工或实施除险加固水库的安全度汛方案，主要是抓水毁工程修复、除险加固工程和应急度汛工程施工，抓备用电源和闸门启闭机检修、保养、试运行，确保汛期闸门启闭灵活，工程安全运用。

检查雨量观测设施及雨、水测报工作。

全面检查防汛公路、上坝道路路况以及发生险情后群众迁移安置的避洪地点、撤退路线等状况，确保防汛抢险工作的正常开展，群众撤离转移工作能有条不紊的进行。

4.1.1.4　**物料准备**

物料准备包括各种抢险工具、器材、物料、交通车辆、道路、通信、照明设备等，保证后勤供应系统灵活运作。

小型水库主管部门应按照一定的防汛物资储备定额进行储备，用后应及时补充。主要储备砂石料（砂料、石子、块石）、铅丝、袋类（编织袋、麻袋）、土工合成材料（编织布、无纺布、复合土工膜及相应的软体排）、篷布、麻绳、救生器材（冲锋舟、橡皮船、救生衣、救生圈）、发电机组等。

专管人员汛期通信 24 h 畅通。

与电信部门通报防汛情况，建立联系制度，约定紧急防汛通话的呼号。

在紧急防汛期，按照《中华人民共和国防洪法》第四十五条的规定，防汛指挥机构提请公安、交通等有关部门依法实施陆地和水面交通管制。

4.1.2　防汛检查

防汛检查是指防汛主管部门及有关领导在每年汛前、汛期或汛后对防洪工程、防汛工作进行的全面或重点检查，并对存在问题及时处理、决策的工作。水库专管人员应积极配合，向检查人员汇报水库基本情况、大坝汛期安全隐患、大坝出险及应急处理措施、隐患处理效果、汛后冬修情况，并针对管理中存在的问题提出建议。

小型水库专管人员的防汛检查实质上是小型水库安全检查的一部分，包括汛前、汛期、汛后要对水库进行的全面检查。它是搞好防汛工作的重要环节。检查的重点是险情历史资料中所反映出来的危险坝段和部位。

具体内容和要求参见本书第 2 章相关内容。

4.1.3　防汛预警

防汛预警是指通过建立通畅的汛情、险情等信息的采集渠道、科学处理、分析和权威的决策机制，对汛情、险情进行及时准确的监测、分析和评价，预报灾害发生的可能，并向社会发布、示警。建立一套适合小型水库的预警系统是保障水库安全运行、保障生命和财产安全的重要手段。

小型水库预警系统一般由人工巡视检查、水文测报系统、预警流程、通信系统、报警系统及应急管理机构等几部分组成。在险情发生之前主要依靠人工巡视检查、水文测报系统。出现险情后则需要按照一套完整的程序进行处置。此外还需明确预警的范围和预警等级。

小型水库防汛险情检查监测、预警系统一般由县(市、区)、镇(乡)、村分级组网,自动遥测与人工测报相结合,水库日常养护、管理、监测工作由小型水库专管人员负责。

为及时掌握各种信息,一般规定各小型水库专管人员、村民小组长、行政村负责人、水库主管部门为水库报汛责任人。各报汛责任人要及时逐级上报,遇特殊情况可以越级上报。

考虑到汛期险情的突发性和局部性,还需发动广大群众共同参与险情监测工作,做到一有情况,便能及时掌握,以便有关部门及时启动防汛抢险应急预案。

4.2 土石坝险情抢护

4.2.1 主要险情与抢护原则

4.2.1.1 主要险情及处置基本要求

小型水库土石坝主要险情隐患包括防洪安全险情隐患、渗流安全险情隐患、结构安全险情隐患、金属结构安全险情隐患及运行管理安全隐患。

(1)防洪安全险情隐患包括防洪标准不足、洪水漫顶,以及泄洪设施泄洪能力不足、下游河道行洪能力不足等。

(2)渗流安全险情隐患主要包括坝基渗漏、坝体渗漏、穿坝建筑物接触渗漏及绕坝渗漏等。当发现渗流安全隐患时,应根据渗漏隐患部位、类型分析其成因与危害,综合确定处置措施,并观察渗漏的变化情况。渗流安全隐患处置应采取"上截下排,截排结合"的原则,坝基渗漏、坝体渗漏和绕坝渗漏处置措施应相互结合,一并实施。

(3)结构安全险情隐患主要包括坝体护坡塌陷、坝体裂缝、坝体滑坡、近坝岸坡滑坡、坝基液化、输泄水建筑物结构异常变形、白蚁及其他动物危害等。发现结构安全隐患后,应根据隐患部位和类型,分析其成因及危害,综合确定处置措施,并观察结构变形的变化情况。当采取降低库水位的措施时,应避免库水位降落过快引起大坝失稳。

(4)金属结构安全险情隐患主要包括闸门安全隐患、启闭机设备缺陷、供电系统缺陷等。当发现金属结构存在安全隐患时,应及时判别隐患成因及危害,并应根据隐患发生的部位、原因与实际条件,采取不同的处置措施及时处理。金属结构安全隐患处置后,适时进行设备调试运行,并加强巡视检查,掌握隐患处置效果。

(5)运行管理安全隐患主要包括管理责任不明确、管理设施不完善、管理措施不到位、应急管理措施不落实等。运行管理安全隐患处置应首先明确安全管理责任,以及运行管护主体和管护人员,并配备必要的安全管理设施,落实应急管理措施。

4.2.1.2 **抢护原则**

小型水库土石坝主要险情隐患的应急抢护与处置应尽可能与永久治理相结合。

当小型水库土石坝出现安全隐患或险情时,应判别其成因及危害,采取合理处置措施。

当隐患或险情危及大坝安全或有溃坝风险时,应做好溃坝突发事件预警,及时报告水库主管部门,并由水库主管部门逐级上报有关部门。

小型水库土石坝主要险情抢护和安全隐患处置后,仍应加强安全监测和巡视检查,及时掌握抢险效果。

险情抢护应遵循的基本原则是要充分体现"生命第一",在任何情况下人的生命安全都是第一位的,必须首先得到保障。出现险情后,要根据险情状况,适时启动防汛抢险应急预案,及时通知避险、转移,确保人民群众的生命安全;抢险过程中,也要采取各种有效措施,充分保障抢险人员的人身安全。

4.2.2 降低库水位

水库险情发生后通常应迅速降低库水位,减轻险情压力和抢修难度。降低库水位一般是抢险工作的第一步工程措施,也是效果最为显著的工程措施之一。

4.2.2.1 **思路和原则**

水库一般设有泄水建筑物和输水建筑物,首先应利用现有的输泄水建筑物降低库水位。当输泄水建筑物下泄流量尚不能满足降低库水位的要求时,应采取其他的工程措施降低库水位,在降低库水位的过程中应考虑大坝本身的安全及下游影响范围内的防洪安全。

4.2.2.2 **具体措施**

1. 水泵排水

水泵排水的特点:一是水泵是常见的设备,一般市场均可购买;二是水泵规格型号较多,可根据不同的排水需要进行选择;三是结构、操作简单且便于运输、储存,调用方便;四是排水量可以控制,一般对下游建筑物不会产生冲刷影响。

适用范围:由于受排水量的限制,其排水强度不大,一般适用于库容较小的水库抢险。

2. 虹吸管排水

虹吸管排水的特点:一是安装工艺简单,广泛应用于水利工程中;二是主材及配件较为普遍,一般市场均可购买,价格低廉;三是拆卸方便,可重复利用;四是连接方式方便,可根据排水量及排水速度选择虹吸管的管径大小及组数。

适用范围:由虹吸管的原理可知,管内的真空有一定的限制,真空度一般限制在7~8 m水头以下,因此进水口至最高点的高差不应超过8 m为宜,虹吸管排水一般适宜于坝体高度较低的水库排水。

3. 增加溢洪道泄流能力

增加溢洪道泄流能力以增加泄流断面面积为主,可通过以下3种方法实施:

(1)增加溢洪道过水宽度:根据溢洪道所在位置及形式,将溢洪道拓宽,增加泄流量。

对位于坝肩处的溢洪道（坝体与溢洪道连接），尽量往山上挖，不要往坝内挖；对位于山坳处的溢洪道，可对溢洪道两边进行开挖，增加溢洪道过水宽度。

（2）降低溢洪道底高程：应根据溢洪道的堰型确定选用的合适方法，对于人工筑建的实体堰，应先将堰体进行拆除（可采用机械、人工方式）；对于开敞式堰体，应结合溢洪道基础的工程地质条件状况，采用人工、机械等方式拆除，特殊情况可采用爆破拆除。

（3）选择合适的山坳垭口，采用非常规措施开挖、爆破等工程措施降低山体高度，达到增加泄水的目的。

增加泄流断面后，溢洪道泄流量的增加幅度较大，可相对较快的降低库水位，特别是在还有后续洪峰的情况下，可以有效地控制库水位。

4. 开挖坝体泄洪

开挖坝体泄洪亦称破坝泄洪，即在大坝（副坝）坝体合适部位开槽进行泄洪，坝顶开槽完成后，在槽内四周铺土工膜、彩条带等防冲护面材料。应特别注意防冲材料的四周连接固定，以防被水冲走。有条件的还可以采用钢管（如脚手架钢管）网格压住防冲材料，钢管网格采用锚杆深入坝体土中加固。

开挖坝体泄洪的特点：可采用大型机械设备作业，施工进度较快，可快速降低库水位。

适用范围：一般应用于坝高较低的小型土石坝上。在大坝出现严重险情，可能发生溃坝，但难以用简易措施在短时间内排除险情的情况下，可采用破坝泄洪。

技术要点：开挖的坝体要依次分层开挖；每层的溢流水深以不超过 0.5 ~0.6 m 为宜，控制流速不要超过 3.5 ~4.0 m/s；在库水位降至预定要求水位后，对开挖的临时泄水通道要进行加固，能满足当年安全度汛要求。

4.2.2.3　注意事项

（1）在降低库水位过程中，应考虑在库水位骤降工况下的上游坝坡的抗滑稳定问题，采取必要措施，确保工程安全。

（2）为了满足虹吸管的安装，需要挖槽以降低坝顶高程，其开挖面需要做好保护措施；做好虹吸管出口的防冲措施，最好将出口延长至超过大坝下游坡脚范围，并做好简单的消能措施。

（3）采用增加溢洪道泄流能力、开挖坝体等措施降低库水位时，应考虑下游坝脚的消能防冲保护。另外，在采用爆破方式降低溢洪道底高程时，应注意方案实施的可行性，避免因爆破引发或加重险情。

（4）挖坝泄洪存在一定风险，只有在其他方法难以使库水位有效下降时，才考虑采用。

4.2.3　洪水漫顶

洪水漫顶是库水从坝顶漫溢的现象，极有可能导致溃坝。主要包括以下两种情形：库水位接近坝顶或防浪墙顶，水位持续上涨，并可能出现漫顶溢流险情；洪水已漫顶溢流。

当水库可能出现漫顶溢流险情时，应采取的主要措施如下：

（1）溢洪道扩挖：采取扩挖泄洪设施、降低溢流堰等措施加大泄洪流量降低库水位，防止洪水漫顶。扩挖溢洪道可采用人工开挖、机械开挖和爆破等方法进行。

（2）坝顶加高：即抢筑子坝，其中土料子坝适用于风浪较小，取土方便的土坝；土袋子坝适用于坝顶较窄、风浪较大、取土较困难、土袋供应充足的坝体；对于大坝坝顶较窄，风浪很大，且洪水即将漫顶的紧急情况，可利用桩柳、木板或埽捆在坝顶修筑子坝，如纯土子坝、土袋子坝、桩柳（木板）子坝、柳石（土）枕子坝、土工织物土子坝。

（3）防浪墙加固：坝顶有防浪墙时，应在扩挖溢洪道的同时，修补防浪墙缺口，并利用防浪墙抢筑子坝，在防浪墙后堆土夯实，做成土料子坝；或用土袋在防浪墙后加高加固成土袋子坝。为防止防浪墙漏水，可先在防浪墙迎水面铺设一层土工膜止水截渗，然后在墙后铺筑子坝。当未能及时在坝顶抢筑子坝时，应在坝顶及下游坝面构筑临时溢流保护措施。

（4）紧急情况下，可采取开挖或爆破非常溢洪道、副坝或坝头等非常保坝措施。

针对洪水漫顶险情，实际工作中应根据水库的实际情况，采取综合性的抢险措施。

4.2.3.1 土料子坝

土料子坝（见图4-1）应修在坝顶靠临水坝肩一侧，其临水坡脚一般距坝肩0.5～1.0 m，顶宽1.0 m，边坡不陡于1∶1，子坝顶应超出推算最高水位0.5～1.0 m。抢筑前，沿子坝轴线先开挖一条结合槽，槽深0.2 m，底宽约0.3 m，边坡1∶1。清除子坝底宽范围内原坝顶面的草皮、杂物，并把表层刨松或犁成小沟，以利新老土结合。土料选用黏性土，填筑时分层填土夯实。

4.2.3.2 土袋子坝

土袋子坝（见图4-2）适用于坝顶较窄、风浪较大、取土较困难、土袋供应充足的坝体。一般用草袋、麻袋或土工编织袋，装土七八成满后，将袋口缝严，不要用绳扎口，以利铺砌。土袋后面修土戗，砌土袋，分层铺土夯实，土袋内侧缝隙可在铺砌时分层用砂土填垫密实，外露缝隙用麦秸、稻草塞严，以免土料被风浪抽吸出来。子坝顶高程应超过推算的最高水位，并保持一定超高。

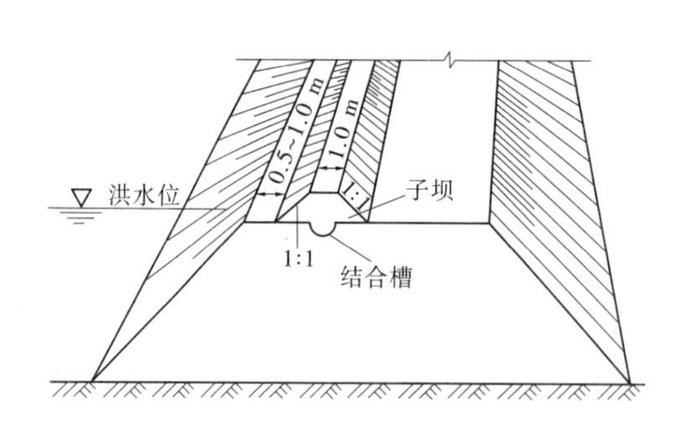

图4-1 土料子坝示意图

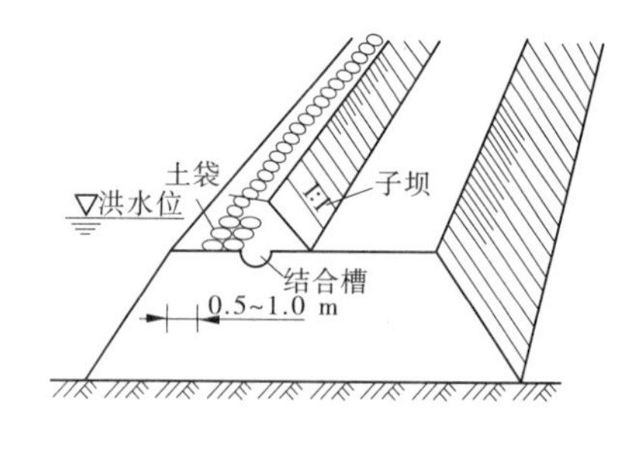

图4-2 土袋子坝示意图

4.2.3.3 桩柳子坝

当土质较差，取土困难，又缺乏土袋时，可就地取材，采用桩柳子坝，见图4-3。在临水坝肩先打木桩一排，将柳枝、秸料或芦苇等捆成长2～3 m，直径约20 cm的柳把，用铅丝或麻绳绑扎于木桩后(亦可用散柳厢修),自下而上紧靠木桩逐层叠放。然后在柳把后面散放厚约 20 cm 秸料一层,再分层铺土夯实,做成土戗。此外,若坝顶较窄,也可用双排桩柳子坝。在水情紧急、缺乏柳料时,也可用木板、门板、秸箔等代替柳把,后筑土戗。

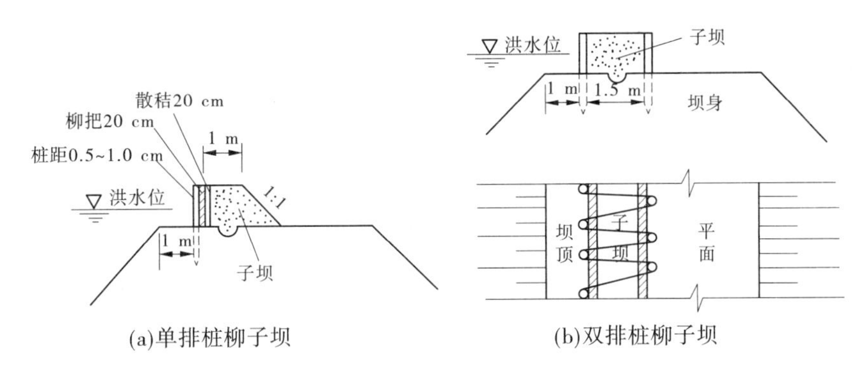

图 4-3　桩柳子坝示意图

4.2.3.4　土工织物土子坝

土工织物土子坝(见图 4-4)的抢筑方法基本与纯土子坝相同,不同的是将坝坡防风浪的土工织物软体排铺设高度向上延伸覆盖至子坝顶部,使坝坡防风浪淘刷和坝顶防漫溢的软体排构成一个整体,达到更好效果。

4.2.3.5　坝顶(坡)临时过水的防护

当水库出现洪水漫顶险情时,应在确保抢险人员安全的前提下,继续采取扩挖泄洪设施、降低溢流堰,在坝顶修筑子坝、坝顶及下游坝面构筑临时溢流设施等措施。漫溢险情的抢护应以预防为主,土石坝漫溢抢修应按"水涨坝高"原则,在坝顶修筑子坝、抢筑子坝必须全线同步施工,不得留有缺口。

当未能及时在坝顶抢筑子坝时,可利用坝顶临时过水的方法降低库水位。

利用坝体临时过水的方法是在大坝坝顶至下游坝坡铺设防渗、防冲材料(彩条带、油布、土工织物)进行防护,以防止过坝水流冲刷破坏,见图 4-5。

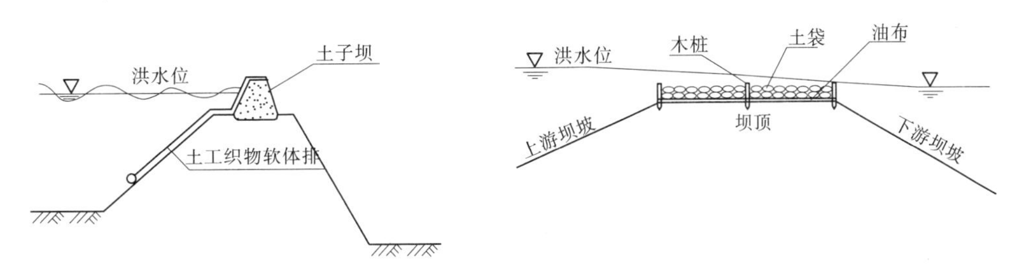

图 4-4　土工织物土子坝示意图　　　　图 4-5　油布护顶示意图

铺设时,应特别注意防渗、防冲材料的四周连接固定,以防被水冲走。可用木桩将布料等固定于坝顶,木桩数量视具体情况而定,一般行间距 3 m。为使土工织物与坝顶结合严密,不被风浪掀起和冲走,可在其上铺压土袋一层。铺设范围尽可能远一点,最好铺至坝脚外，需搭接时，搭接长度不少于 1 m。

有条件时，可采用钢管(如脚手架钢管)网格压住防冲材料，钢管网格采用锚杆深入坝体加固。

坝体临时过水的方法技术简单，施工迅速，抢险物资容易准备。

坝体临时过水抢险的方法只针对短历时洪水，且洪量较小的情况，同时应能够准确掌握相应的水文、气象等资料。

4.2.4 管涌与流土

管涌是指土体中的细颗粒在渗流作用下，从粗颗粒骨架孔隙通道中流失的现象；流土是指在渗流作用下，在下游坝坡坡脚附近局部土体表面隆起、被渗透水流顶穿或粗细颗粒同时浮动而流失的现象。

管涌或流土一般发生在下游坝坡坡脚附近的地面上。管涌多呈孔状出水口，出口处“翻砂鼓水”，形如“泡泉”，冒出黏土或细砂，形成“砂环”。出水口孔径大小不一，小的如蚁穴大小，大的可达几十厘米；出水口数量多少不一，少的 1 ~2 个，多的则成群出现。发生流土时则出现土块隆起、膨胀、断裂或浮动等现象，又叫“牛皮胀”。若地基土是比较均匀的沙层，则会出现小泉眼、冒气泡，继而是土颗粒向上鼓起，发生浮动、跳跃，这种现象称为“沙沸”，也是流土的一种形式。

在水库持续高水位时，管涌或流土险情将不断扩大，如不及时抢护，就可能导致坝身局部坍塌，有溃坝的危险。

管涌或流土险情的抢护应按照“反滤导渗、控制涌水、给渗水留有出路”的原则进行，其主要的抢护措施有如下几种。

4.2.4.1 滤层压(铺)盖

滤层压(铺)盖适用于渗水量较小、渗透流速较小的管涌，或普遍渗水的地区。

抢筑前，先清理铺设范围内的软泥和杂物，对其中涌水带沙较严重的管涌出口，用块石或砖块抛填，以消杀水势；在出现管涌范围内，分层铺填透水性良好的滤料，滤层顶部压盖保护层，制止地基土颗粒流失。

根据所用滤料不同，分为砂石滤层铺盖(见图 4-6(a))、土工织物滤层铺盖(见图 4-6(b))、梢料滤层铺盖等。

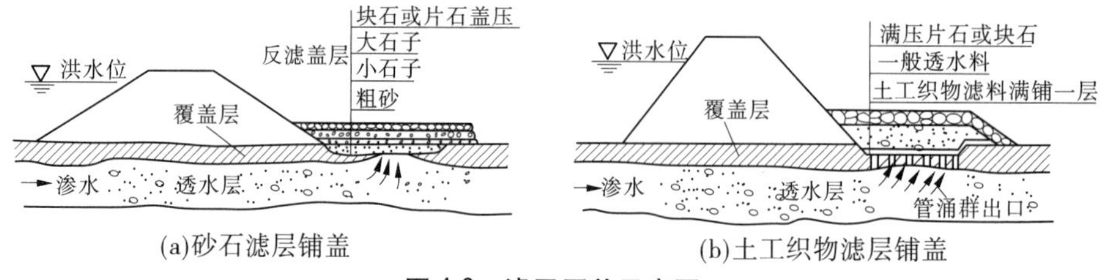

图 4-6 滤层压盖示意图

4.2.4.2 滤层围井

严重的管涌险情抢护应以滤层围井为主，并优先选用砂石滤层围井和土工织物滤层

围井,辅以其他措施,如图 4-7 所示。

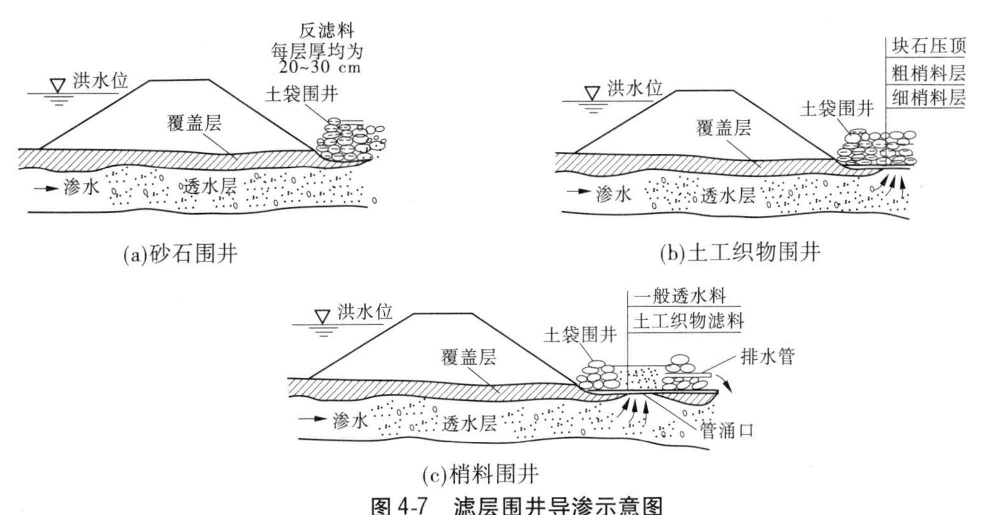

图 4-7 滤层围井导渗示意图

在管涌口处用编织袋或麻袋装土抢筑围井,井内同步铺填滤料,从而制止涌水带砂。当管涌口很小时,也可用无底水桶或汽油桶做围井,此法一般适用于背河地面或洼地坑塘出现数目不多和面积较小的管涌,以及数目虽多但未连成大面积,可分片处理的管涌群。对位于水下的管涌,当水深较浅时,也可采用此法。

4.2.4.3 水下导滤堆

当坝后管涌口附近积水较深,难以形成围井时,可采用水下抛填导滤堆的办法。如管涌严重,可先填块石以消杀水势,然后从水上向管涌口处分层倾倒砂石料,使管涌处形成导滤堆,砂粒不再带出,以控制险情发展。这种方法用砂石较多,亦可用土袋做成水下围井,以节省砂石滤料。

4.2.4.4 背水围堰(月坝)

当背水坝脚附近出现分布范围较大的管涌群险情时,可在出险范围外抢筑围堰,截蓄涌水,抬高水位,然后安设排水管将余水排出(见图 4-8)。

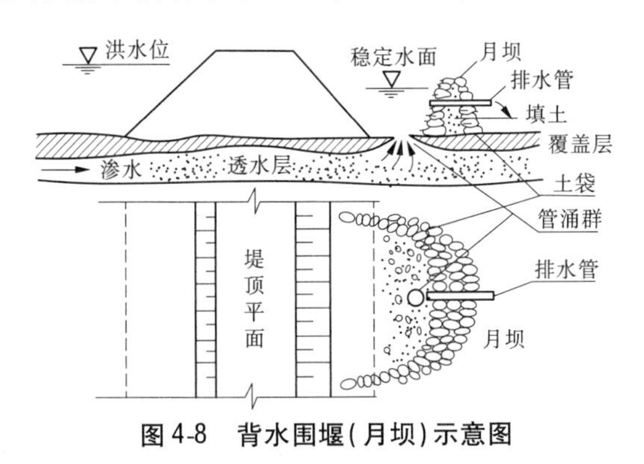

图 4-8 背水围堰(月坝)示意图

围堰可随水位升高而加高,直到险情稳定,高度一般不超过 2 m。

4.2.5 坝体渗漏

坝体渗漏最主要的表现是散浸、漏洞、跌窝等。

散浸是指水库水位上涨，坝身泡水，水从下游坝坡或坝脚附近渗出的现象，一般又叫“坝身出汗”。当高水位持续时间过长时，散浸范围就将沿下游坝坡上升、扩大，如不及时处理，就会发生滑坡、管涌等险情。

漏洞出口一般发生在下游坝坡下部或坡脚附近。开始时因漏水量小，土体很少被冲动，所以漏水较清，叫作清水漏洞。由于洞周土体浸泡时松散崩解，或产生局部滑动，或坝身填土含砂重，土体可能被漏水带出，使漏洞变大。这时，漏水转浑，发展成为浑水漏洞。如不及时抢修，则将迅速发展成为大坝溃决。

跌窝是指汛期坝身或坝坡发生局部塌洞的现象，又称陷坑。

坝体渗漏主要包括如下情形：

(1)上游坝坡塌陷或伴有坝前漩涡。

(2)下游坝坡大面积散浸、松软隆起或塌陷。

(3)下游坝坡出现集中渗漏点，水质浑浊或有细颗粒带出，或出逸点高于反滤体顶高程。

(4)下游坝脚反滤体失效。

(5)相同水库水位条件下，渗流量或坝体渗流压力持续增加。

(6)监测资料或计算分析表明，坝体渗透稳定性不满足要求。

4.2.5.1 上游坝坡防渗处理

对坝前水深较浅、黏性土料缺乏的土石坝，若上游坡相对平整和无明显障碍，可采用土工膜截渗(见图4-9)。具体做法是先铺设一层垫层土料，然后铺设土工膜，最后用土袋镇压。

若黏性土料充足可在上游坡抛黏土(袋)修筑前戗截渗，如图4-10所示。

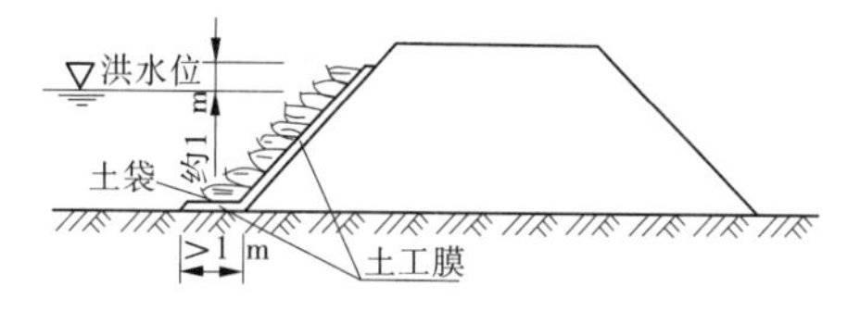

图4-9 土工膜截渗示意图

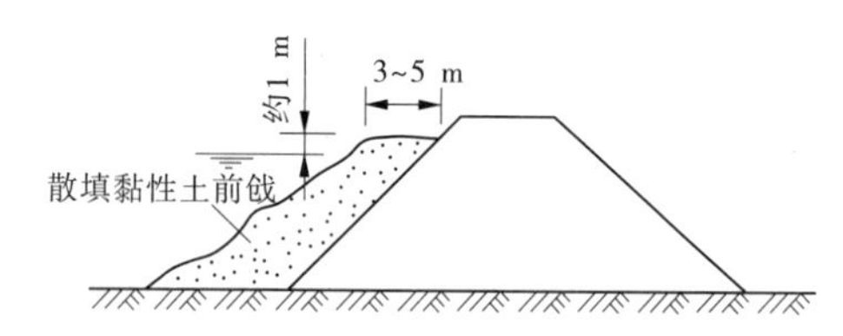

图4-10 抛黏性土截渗示意图

4.2.5.2 下游坝坡导渗沟处理

对下游坡有大面积散浸，但无脱坡或渗水变浑的情况，在上游坡迅速做截渗有困难时，可在下游坡开挖导渗沟，铺设滤料、土工织物或透水软管等导渗排水。

土石坝下游坝坡导渗沟开挖高度，应达到或略高于渗水出逸点位置。开沟后若排水仍不显著，可增加竖沟或加开斜沟。施工时宜采用一次挖沟2~3 m后，即回填滤料，再施工邻近一段，直至形成连续导渗沟。“人”字形沟应用广泛，效果最好；“Y”字形沟次之，排水纵沟应与附近原有排水沟渠连通。各导渗沟开沟形式见图4-11。

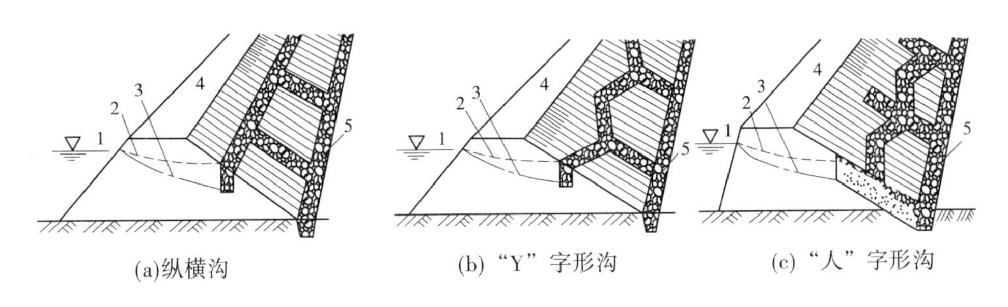

1—洪水位;2—开沟前浸润线;3—开沟后浸润线;4—坝顶;5—排水纵沟

图4-11 导渗沟开沟示意图

导渗沟可采用砂石导渗沟、土工织物导渗沟、梢料导渗沟。导渗沟具体尺寸和间距宜根据渗水程度和土壤性质确定,一般沟深不小于0.3 m,底宽不小于0.2 m,竖沟间距4 ~ 8 m。

砂石导渗沟内按滤层要求分层填筑粗砂、小石子、大石子,小石子的粒径为0.5 ~ 2.0 cm,大石子粒径为4 ~ 10 cm,滤料填筑下细上粗、两侧细中间粗、上下分层排列、两侧分层包住,每层厚大于15 cm。

土工织物导渗沟内应选择符合滤层要求的土工织物,沟内应填满粗砂、石子、砖渣等一般透水料。当土工织物长度不足时,可搭接,搭接宽度不小于20 cm。

紧急情况下,也可用土工织物包梢料捆成枕放在沟内,其上应铺盖土料保护层。透水软管导渗沟内铺设渗水软管,渗水软管四周应充填粗砂。

导渗沟内透水料铺好后,宜在其上铺盖草袋、席片或麦秸、稻草,并压上土袋、块石。

4.2.5.3 下游坝坡滤层导渗法

若坝体透水性较强,下游坡土体过于松软;或坝体断面小,经开挖试验,采用导渗沟有困难,且滤料丰富,可采用滤层导渗法抢护,下游坡滤层导渗法如图4-12所示。

4.2.5.4 透水后戗

此法适用于坝体断面单薄、渗水严重,下游坝坡较陡或背河坝脚有潭坑、池塘的坝体。当下游坝坡发生严重渗水时,修筑砂土透水后戗或梢土后戗,如图4-13所示。

砂土后戗采用比坝体透水性大的砂土填筑,并分层夯实。一般高出浸润线出逸点0.5 ~ 1.0 m,顶宽2 ~ 4 m,边坡1:3 ~ 1:5,长度超过渗水坝体两端至少3 m。砂土缺乏时,可用梢土代替砂砾,筑成梢土压浸平台。梢土压渗平台厚度为1.0 ~ 1.5 m。贴坡段及水平段梢料均为三层,中间层粗,上、下两层细。

4.2.5.5 跌窝处理

跌窝(陷坑)形成的可能原因有三方面:①坝体或基础内有空洞,如獾、狐、鼠、蚁等害坝动物洞穴,树根、历史抢险遗留的梢料、木材等植物腐烂洞穴等。②坝体质量差。筑坝施工过程中,清基处理不彻底,分段接头部位处理不当,土块架空、回填碾压不实,坝体填筑料混杂,穿坝建筑物破坏或土石结合部渗水。③由渗透破坏引起。大坝渗水、管涌、接触冲刷、漏洞等险情未能及时发现和处理,或处理不当,造成坝体内部淘刷,随着渗透破坏的发展扩大,发生土体塌陷导致跌窝。

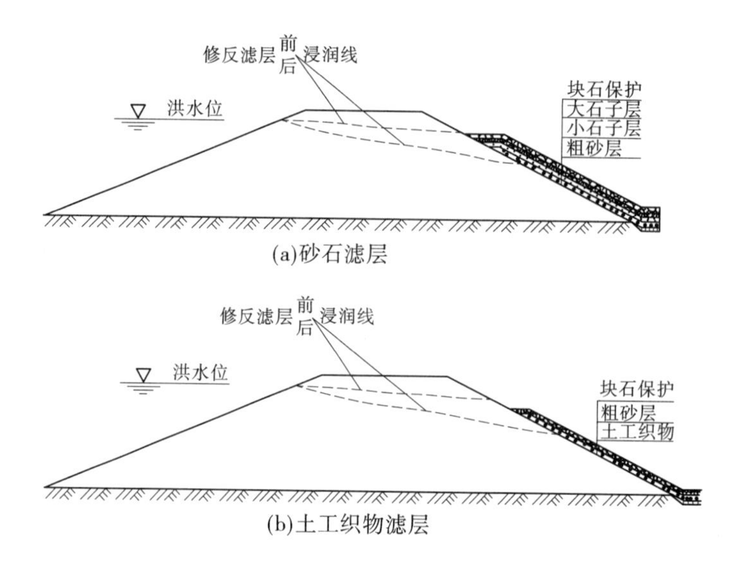

图 4-12　下游坡滤层导渗法

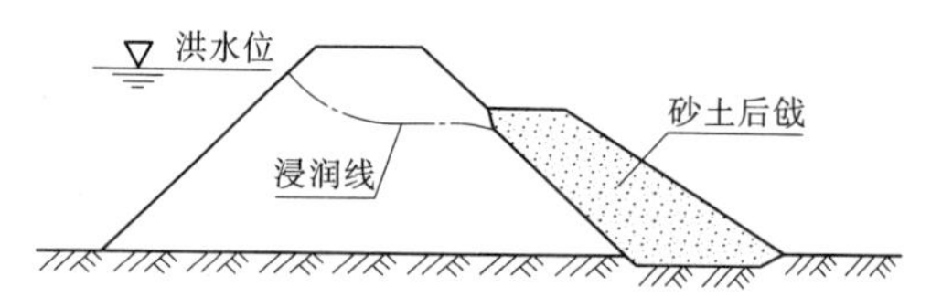

图 4-13　下游坡透水后戗

在条件允许的情况下尽可能采用翻挖、分层填土夯实的办法作彻底处理；如跌窝伴随渗透破坏（渗水、管涌、漏洞等），可采用填筑反滤导渗材料的办法处理；若跌窝伴随滑坡，应按照抢护滑坡的方法进行处理；若跌窝在水下较深，可采取临时性填土措施处理。跌窝险情抢险方法及其适应性见表 4-1。

表 4-1　跌窝险情抢险方法及其适应性

序号	抢护措施	适用情况
1	翻填夯实	未伴随渗透破坏
2	填塞封堵	上游坝坡水下较深部位
3	填筑滤料	下游坝坡伴随有渗水、管涌险情

1. 翻填夯实

将坑内松土翻出，分层填土夯实，直到填满。如跌窝出现在水下且水不太深，可修土袋围堰或桩柳围堰，将水抽干后，再行翻筑。如位于坝顶或上游坝坡，宜用防渗性能不小于原坝土的土料，以利防渗；如位于下游坝坡，宜用透水性能不小于原坝土的土料，以利排水。翻填夯实跌窝示意如图 4-14 所示。

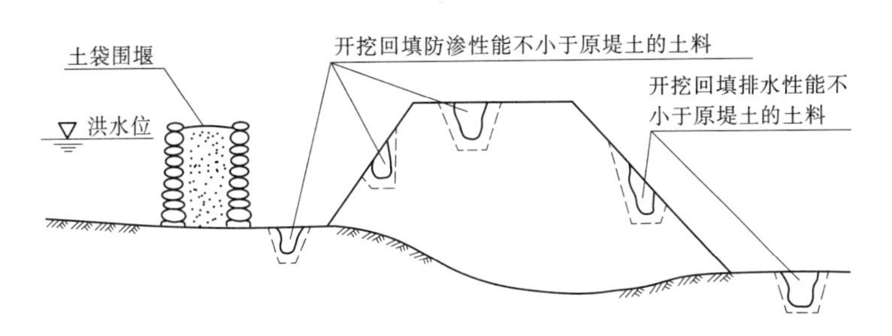

图 4-14 翻填夯实跌窝示意

2. 填塞封堵

当跌窝出现在水下时，可用草袋、麻袋或土工编织袋装黏性土或其他不透水材料直接在水下填实，待全部填满后再抛黏性土、散土加以封堵和帮宽，如图 4-15 所示。要封堵严密，使水无法在跌窝处形成渗水通道。

3. 填筑滤料

当跌窝发生在大坝下游坡，伴随发生渗水或漏洞险情时，除尽快对大坝上游坡渗漏通道进行截堵外，对不宜直接翻筑的背水跌窝，可采用填筑滤料法抢护，填筑滤料法抢护跌窝示意如图 4-16 所示。先清除跌窝内松土或湿软土，然后用粗砂填实，如涌水水势严重，按背水导渗要求，加填石子、块石、砖块、梢料等透水材料，以消杀水势，再予填实。待跌窝填满后，可按砂石滤层铺设方法抢护。

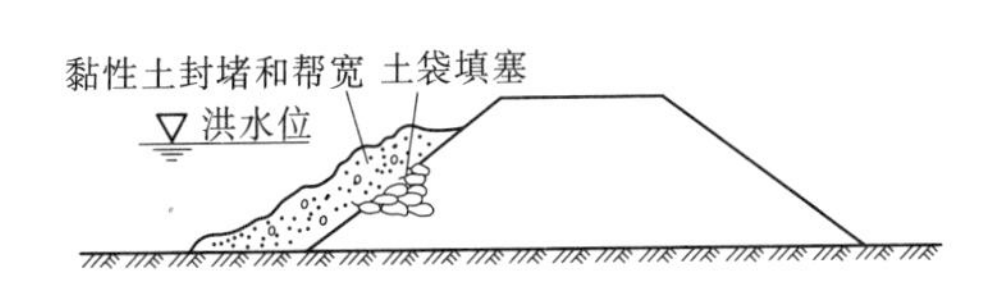

图 4-15 填塞封堵跌窝示意

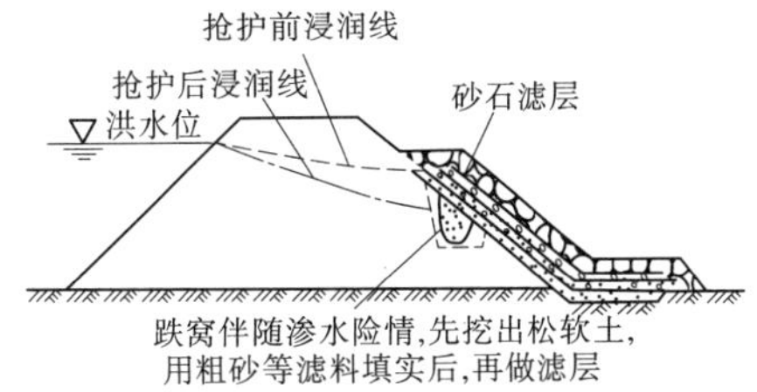

图 4-16 填筑滤料抢护跌窝示意

4.2.6 漏洞

漏洞是指坝体或坝基质量差，或者内部有蚁穴，坝体填土与圬工或山坡接触部位等在高水位作用下，使渗漏加剧，将细颗粒带走，形成漏水通道，贯穿坝体或坝基的渗流孔洞的现象。在汛期水库高水位情况下，在大坝下游坝坡及坡脚附近出现渗流孔洞，并有渗透水流出，或流出浑水，或由清变浑，或时清时浑，均表明漏洞正在迅速扩大，大坝有可能塌陷，严重时有溃坝的危险。因此，发现漏洞险情，必须慎重对待，全力以赴，迅速抢护。

漏洞险情一般发展很快，抢护时应遵循“前堵后排，堵排并举，抢早抢小，一气呵成”的原则进行。一旦大坝出现漏洞险情，首先应采取必要的措施降低库水位，同时要尽快找到漏洞进水口，及时堵塞，截断漏水来源。探找漏洞进口和抢堵，均需在水面以下摸索进行，要做到准确无误，不遗漏，并能顺利堵住全部进水口，截断水源，难度很大。为了保证大坝安全，在上游面堵漏洞的同时，还必须在下游面漏洞出口抢做反滤导渗设施，以制止坝体土料流出,防止险情继续扩大。这就是“堵排并举”的抢险原则,见图4-17。

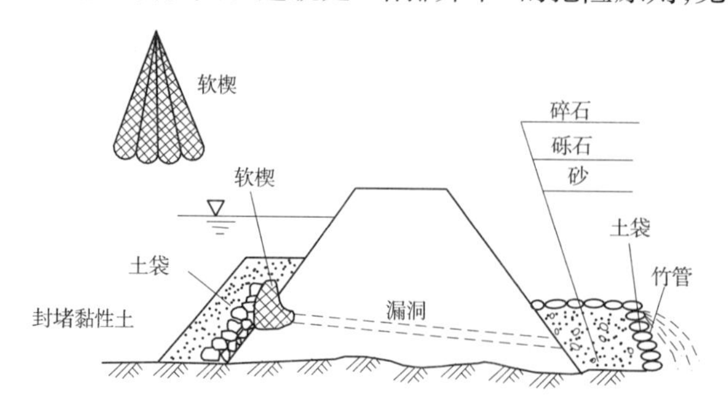

图4-17 临河堵漏洞背河反滤围井示意

在漏洞险情抢护时,万不可在漏洞出水口用不透水材料强塞硬堵,以免扩大险情。

根据前述“前堵后排,堵排并举”的原则,漏洞险情抢护的具体方法可分为前堵、后排两个方面。“前堵”就是临时性堵塞大坝上游坝坡的漏洞进水口,又可分为塞堵和盖堵两种方法。“后排”就是在大坝下游坝坡漏洞出口处把漏出来的水安全排走。一般“前堵”有困难时,重点放在“后排”上。可分为反滤盖压和反滤围井两种方法。

4.2.6.1 上游洞口塞堵

当漏洞进口较小、周围土质较硬时,可用棉被、棉衣、草包或编织袋内装土料等物填塞漏洞。这一方法适用于水浅、流速小,只有一个或少数几个洞口的坝段。洞口用塞堵法获得初步成功后,要立即用篷布、土工膜铺盖,再用土袋压牢,最后用黏性土封堵闭气,达到完全断流为止。若洞口不止一个,堵塞时要注意不要顾此失彼,扩大险情。

4.2.6.2 上游洞口盖堵

用土工膜、软帘等物,先盖住漏洞的进水口,然后在上面抛压土袋或抛填黏土闭气,以截断漏洞的水流。根据覆盖材料不同,有以下几种具体方法:

(1)土工膜、篷布盖堵法。当洞口较大或附近洞口较多时,可采用土工膜或篷布,沿上游坝坡从上向下,顺坡铺盖洞口,然后抛压土袋,并抛填黏土,形成贴坡体截漏。

(2)软帘盖堵法。适用于洞口附近流速较小,土质松软或周围已有许多裂缝的情况。一般可选用草席或棉絮等重叠数层作为软帘,也可就地取材,用柳枝、稻草、芦苇等编扎软帘。软帘的大小应根据洞口的具体情况和需要盖堵的范围决定。软帘的上边可根据受力大小用绳索或铅丝系牢于坝顶的木桩上,下边坠以重物,以利于软帘枕贴边坡并顺坡滚动。先将软帘卷起,盖堵时用杆顶推,顺坝坡下滚。把洞口盖堵严密后,再盖压土袋,并抛填黏土,以达到封堵闭气的目的。

(3)黏土盖堵法。当坝的上游坡漏洞较多较小,范围较大,漏洞口难以找准或找不全时,可采用抛填黏土形成黏土贴坡达到封堵洞口的目的。

4.2.6.3 下游坝坡导渗排水

常用的方法有反滤围井法和反滤压盖法。

(1)反滤围井法。坝坡尚未软化,出口在坡脚附近的漏洞,可采用此法。当坝坡已被

水浸泡软化时不能采用。该法仅适合于低坝,上下游水头不高的情况。具体做法见本章“管涌与流土”中的相关内容。

(2)反滤压盖法。下游坝坡坡脚附近发生的渗水漏洞小而多,面积大,并连接成片,渗水涌砂比较严重,可采用此法。具体做法见本章“管涌与流土”中的相关内容。

4.2.6.4 注意事项

(1)水库大坝一旦出现漏洞险情,应按照漏洞险情抢护要求,将抢护人员分成上游洞口堵塞和下游洞口反滤填筑两大部分,有序地进行抢险工作。

(2)在抢堵漏洞进口时,切忌乱抛砖石等块状物料,以免架空,使漏洞继续发展扩大。在漏洞出口处,切忌用不透水材料强塞硬堵,导致堵住一处,附近又出现一处,愈堵漏洞愈大,致使险情扩大。

(3)采用盖堵法抢护漏洞进口,需防止在刚盖堵时,由于洞内断流,外部水压力增大,从洞口覆盖物的四周进水。因此,洞口覆盖后应立即封严四周,同时迅速压土闭气,否则一次堵漏失败,使洞口进一步扩大,导致增加再堵的困难。

(4)堵塞漏洞进口应满足的要求如下:

①应以快速、就地取材为原则准备抢堵物料,用编织袋或草袋装土,用篷布或土工布进行盖堵闭浸。在漏洞抢堵断流后,要用充足的黏土料封堵闭气。

②抢险人员应分成材料组织、挖土装袋、运输、抢投、安全监视等小组,分头行事,并应注意人身安全,落实可行的安全措施。

③投物抢堵。当投堵物料准备充足后,应在统一指挥下,快速向洞口投放堵塞物料,以堵塞漏洞,消杀水势。

④止水闭浸。当洞口水势减小后,将事先准备好的篷布或土工布沉入水下铺盖洞口,然后在篷布或土工布上压土袋,达到止水闭浸;有条件的也可在洞外围用土袋作围堰止水闭浸。

⑤抢堵时,应安排专人负责安全监视工作;当发现险情恶化,抢堵不能成功时,应迅速报警,以便抢险人员安全撤退;抢堵成功后,应继续进行安全监视,防止出现新的险情,直到彻底处理好。

⑥凡发生漏洞险情的坝段,汛期过后,当库水位降低时,应进行钻探灌浆加固,必要时再进行开挖翻筑。

4.2.6.5 漏洞的探查

在抢护漏洞前,为了准确截断水源,先要探找进水口的位置,一般常用的方法如下:

(1)水面观察。当水深较浅,且无风浪时,漏洞进水口附近的水体易出现漩涡,如果看到漩涡,即可确定其下有漏洞进水口;如漩涡不明显,可将麦麸、谷糠、锯末、碎草和纸屑等漂浮物撒于水面,如果发现这些东西在水面打漩或集中一处,即表明此处水下有进水口。如在夜间,除用照明设备进行查看外,也可用柴草扎成漂浮物,将照明装置(如电池灯、油灯等)插在漂浮物上。在漏水坝段上游,将漂浮物放入水中,待流到洞口附近,借光发现漂浮物如有旋转现象,即表明该处水下有洞口。

(2)布幕、席片探洞。可用布幕或连成一体的席片,用绳索将其拴好,并适当坠以重物，使其能沉没于水中，并紧贴坝坡移动，如感到有拖拉费力，并辨明不是有块石阻挡，且观察到出口水流减弱，即说明这里有漏洞的进口。

(3)潜水探漏。如漏洞进水口距库面很深，水面看不到漩涡，则需要潜水探摸。其方法是：用一竹竿（一般长4～6 m），将一端捆扎一些短布条，潜水人员握另一端，沿上游坝坡潜入水中，由上而下，由近至远，持竿进行探摸，如遇有漏洞，洞口水流吸引力可将短布条吸入，移动困难，即可确定洞口的大致范围。然后在船上用麻绳系块石或土袋，进一步探摸，遇到洞口处，石块被吸着，提不上来，即可断定洞口的具体位置。

有条件时，请专业潜水人员下水探查漏洞，不但可以准确确定漏洞的位置，还可以了解漏洞的其他情况，对抢险堵漏非常有利。以潜水探漏人员，应落实必要的安全设施，确保人身安全。

4.2.7 坝体滑坡

坝体滑坡是指由于坝体填筑质量差、边坡陡或库水位骤降、剧烈震动等原因，在荷载作用下滑动力增加，边坡失稳，发生滑动的现象。开始在坝顶或坝坡上出现裂缝，随着裂缝的发展与加剧，最后形成滑坡。

滑坡一般可分为浅层滑动和深层滑动两种，如图4-18所示。浅层滑动是坝体的局部滑动，坝面有隆起、凹进现象，滑裂面较浅。深层滑动是坝体与坝基一起滑动，滑坡体顶部裂缝呈圆弧形，缝的两侧有错距，滑动体较大，坝脚附近往往被推挤、隆起；或者沿坝基中软弱夹层面滑动。

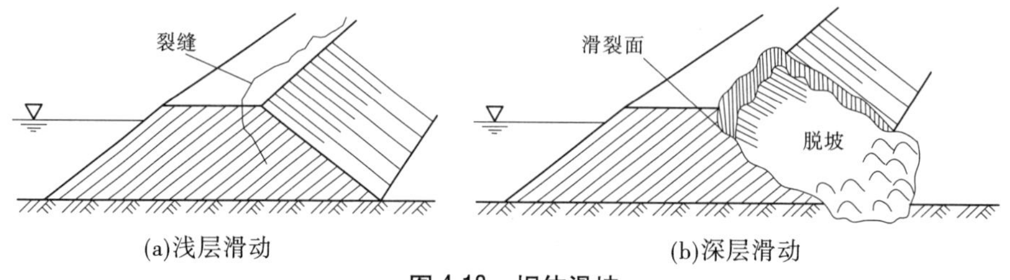

(a)浅层滑动　　(b)深层滑动

图4-18　坝体滑坡

坝体滑坡处置以“上部削坡减载，下部压重阻滑”为原则，根据滑坡原因、部位和实际条件，采取开挖回填、加培缓坡、压重固脚、导渗排水等措施综合处理，同时结合具体情况，因地制宜，分别采用不同方法加以处理，并尽可能与永久性的处理措施相结合。

产生坝体滑坡的主要原因是渗水降低了坝坡土体的抗剪强度，所以抢护原则是首先消除已滑动的坝坡中的渗水，恢复滑动土体的抗剪强度，使坝坡稳定，再进行缓坡加固。

对于发生在上游坝坡的滑坡，可在滑动体坡脚部位抛填砂石料或砂（土）袋压重固脚，在滑动体上部削坡减载，减少滑动力。

对于发生在下游坝坡的滑坡，常采用压重固脚法、透水土撑法和透水压浸台及配合上游坝坡帮培等进行抢修。

滑坡处理前，应严防雨水渗入裂缝内，可用塑料薄膜、土工膜等覆盖封闭滑坡裂缝，同时应在裂缝上方开挖截水沟，拦截和引走坝面的雨水。

4.2.7.1 **压重固脚**

此法适用于坝体与坝基一起滑动的滑坡；坝区周围有足够可取的当地材料作为压重体，如块石、砂砾石、土料等。

具体要求：压重体应沿坝脚布置，宽度和高度视滑坡体的大小和所需压重阻滑力而定；堆砌压重体时，应分段清除松土和稀泥，及时堆砌压重体，不允许沿坡脚全面同时开挖后，再堆砌压重体。

在保证坝身有足够的挡水断面的前提下，将滑坡的主裂缝上部进行削坡，以减少下滑荷载。同时，在滑动体坡脚外缘抛块石或砂（土）袋等，作为临时压重固脚，以阻止继续滑动。

4.2.7.2 **透水土撑**

若滑坡坝段，范围较大，可沿滑坡坝段做若干透水性土撑，如图4-19所示。具体尺寸可根据具体情况而定。

（1）在筑土撑部位，将滑坡松土削成斜坡后挖沟，在沟内放置滤水材料，如砂石、砖渣、芦苇等。

（2）若坝基不好，土撑坡脚要抛石或用袋土固脚，但应注意不要将沟内渗水阻塞。

（3）土撑宽度要看水情、险情与取土难易而定。

（4）填土要打碎，打硪夯实。

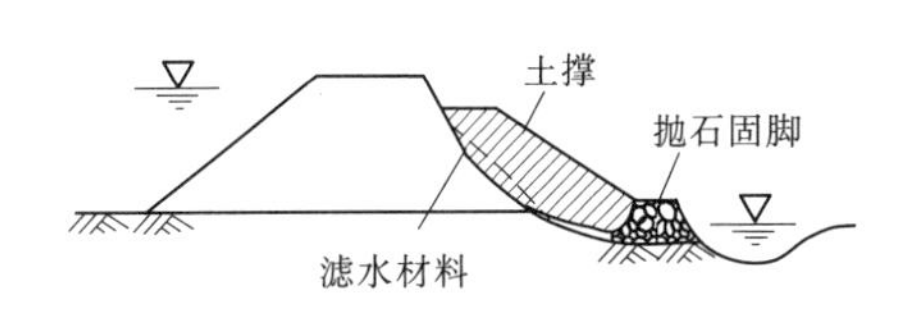

图4-19 透水土撑

4.2.7.3 **透水压浸台**

若坝体断面不足，脱坡严重，附近有土可取，缺乏砂石，可修筑透水压浸台，如图4-20所示。

（1）做法与透水土撑相同。但在布置上透水压浸台是全面修筑的，而透水土撑是分段修筑的。

（2）具体做法见本章“管涌与流土”中的相关内容。

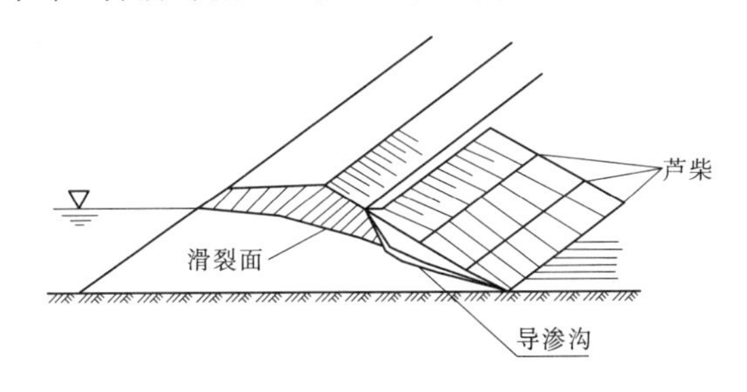

图4-20 透水压浸台

4.2.7.4 **上游坝坡帮培**

坝体滑坡严重，范围又较广，若在下游坝坡、坝脚抢筑透水压浸台、开沟导渗等工程，需要时间。如坝前水深较浅，在抢护坝坡的同时，可在上游坝坡加做黏土帮培（可先铺防渗土工膜），以减少渗水，缓和险情，便于争取时间，完成下游坝坡抢护工作。

4.2.8　护坡破坏

土石坝护坡的形式,上游坝坡一般采用混凝土护坡、砌石护坡,整体性较差。在风大浪急情况下,大坝上游坡易遭受各种类型破坏,如脱落破坏、滑动破坏、挤压破坏等。

4.2.8.1　破坏原因

土石坝护坡破坏的原因,除风浪过大外主要还有以下几个方面:

(1)坝坡设计标准低、块石重量不够,或风化严重。

(2)混凝土浇筑施工、干砌块石砌筑质量差。

(3)没有垫层或垫层级配不好。

(4)坝坡的底端或转折处未设基脚,结构不合理或埋深不够。

(5)水位骤降或强烈地震等。

4.2.8.2　抢护方法

当坝坡受到风浪破坏时,应立即采取临时性紧急抢护方法,以防险情进一步恶化。

(1)砂袋压盖。适用于风浪不大,坝坡局部松动脱落,垫层尚未被淘刷的情况,此时可在破坏部位用砂袋压盖两层,压盖范围应超出破坏区0.5~1.0 m范围。

(2)抛石抢护。适用于风浪较大,坝坡已冲掉和坍塌的情况,这时应先抛填0.3~0.5 m厚的卵石或碎石垫层,然后抛石,石块大小应足以抵抗风浪的冲击和淘刷。

(3)铅丝石笼抢护。适用于风浪很大,坝坡破坏严重的情况。装好的石笼用设备或人力移至破坏部位,石笼间用铅丝扎牢,并填以石块,以增强其整体性和抵抗风浪的能力。

需要注意的是,在洪水过后,坝坡破坏部位应采取永久性措施予以加固修复。

4.2.9　输水建筑物和泄水建筑物的险情抢护

4.2.9.1　输水管渗漏险情抢护

输水管渗漏险情的发生,一般是这些原因造成的:坝身不均匀沉陷、内外荷载超过管道承载极限等,造成管道接头开裂或管道断裂;管道漏水沿管壁冲蚀坝体填土,同时管道内流体的吸力将孔洞周围的填土吸入管内泄走,造成坝内洞穴;管道周围填土不密实,且无截渗环,库水当管壁与填土接触面形成集中渗流,严重时坝内空洞坍塌,使坝身形成塌坑,见图4-21。

抢护原则是上游侧封堵、中间截渗、下游侧导渗。输水管发生险情后应立即关闭进口闸门,排除管内积水,以利检查监视险情。认真检查并分析险情产生的原因,采取相应措施,进行及时抢护。

(1)上游侧堵漏。如漏洞口发生在坝下涵管进口周围,可参照漏洞抢护方法进行。如用软楔或旧棉絮等堵塞漏洞进口等,有条件的地方,可在漏洞前用土袋抛筑围堰、抛填黏土封堵等。

(2)中间截流。对管道埋深较大,沿管壁周围集中渗流较严重,若条件许可,可采用重力式或压力灌浆的措施,堵塞管壁四周孔隙或空洞,浆液用黏土加10%~15%的水泥,灌浆浆液宜先浓后稀,适当控制压力。为加速凝结提高防渗效果,浆液内可适量加水玻璃

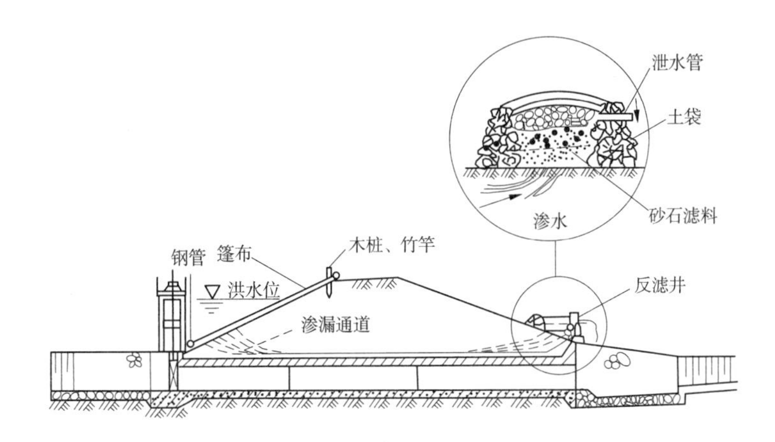

图 4-21 篷布覆盖、反滤井示意图

或氯化钙等。

如管径较大，可进入检查，用桐油麻丝、快凝水泥砂浆或环氧砂浆将管壁上的孔洞和接头裂缝紧密堵塞。对埋较深浅的管道，在条件许可时，可采用翻挖回填截流。

(3)反滤导渗。渗流已在下游坝坡的涵管四周逸出，在采取上游侧堵漏等措施的同时，要迅速用砂石反滤层或土工织物进行导渗抢护。

4.2.9.2 溢洪道险情抢护

为保证大坝安全，溢洪道常见安全隐患必须在汛前予以处理。如溢洪道进口段和溢流堰顶上堆积的阻水岩块、杂物必须在汛前清除；溢洪道边坡在汛前应予以清理与加固，避免汛期坍塌而堵塞溢洪道；溢流堰、闸墩和边墙等部位混凝土裂缝、局部缺陷等可用环氧砂浆、快凝砂浆等材料在汛前予以修补；汛期泄洪时，要及时打捞漂浮物，以免阻塞溢洪道或减少泄洪流量。

(1)溢洪道断面尺寸、高程和溢流堰型没有达到设计要求，一般采取增加溢洪道泄流能力的办法进行抢险，具体做法见本章“降低库水位”中“增加溢洪道泄流能力”的相关内容。

(2)当泄槽导墙高度不足，或泄洪时导墙被下泄洪水冲毁，进而冲刷坝坡时，应及时抛筑块石或铺设土袋，对导墙加高加固，并保护坝坡不被水流冲刷。

(3)当消力池底板被掀起、折断而失去消能作用时，可临时抛块石或铅丝笼块石予以抢护。抛块石抢护时，其体积应能满足抗冲要求。

(4)当泄洪尾水淘刷坝脚时，应及时抛块石或铅丝笼装块石，或编织布土袋抢筑阻水墙，将泄洪尾水与坝脚隔开，并及时修复被淘刷的坝脚。

(5)在岸坡坍塌堵塞溢洪道可能出现洪水漫坝的紧急情况下，可用机械或爆破等方式加深加宽溢洪道。采用爆破施工时，应制订爆破方案，防止破坏大坝等构(建)筑物。

4.2.9.3 闸门及启闭机险情抢护

1. 闸门失控

闸门失控主要包括以下情形：闸门变形、丝杆扭曲、启闭设备故障或机座损坏、地脚螺栓松动、钢丝绳断裂、滚轮失灵及闸门震动等，往往造成闸门关不下、提不起或卡住而导致运用失控,危及安全。

闸门启闭失控发生后,首先应进行修复,若无法修复,可采取以下方法进行处理:

(1)立即吊放检修闸门或叠梁。下放检修闸门或叠梁后,如仍漏水,可在检修闸门或叠梁前铺放篷布或土工布,并抛填土袋、灰碴或土料,利用水的吸力堵漏,待不漏水后,再对工作闸门、启闭设备、钢丝绳等进行抢修和更换。

(2)框架-土袋。如无检修门及预留门槽,可根据工作门槽或闸孔跨度,焊制一钢框架,框架网格以0.2 m×0.2 m为宜,并将框架吊放卡在工作闸门前,然后在框架前抛填土袋,直至高出水面,并在其前抛黏土或用灰碴闭气,见图4-22。

图4-22 框架-土袋屯堵示意图

(3)因闸门启闭螺杆或拉条折断而不能开启时,可派潜水员检查闸门卡阻原因及螺杆、拉条断裂的位置,用钢丝绳系住闸门吊耳,用滑轮组、绞车进行临时提升闸门泄洪,待水位降低,漏出折断部分后,再行拆卸更换。

(4)当采用各种方法,闸门仍然无法开启或开启不足,危及大坝安全时,可立即报请主管部门同意,采取破坏闸门措施,强制泄洪。

2. 闸门漏水

闸门漏水一般是闸门止水安装不好或年久失效(止水橡胶老化)和其他原因(如块石、泥砂堵塞导致闸门不能下放到位),造成严重漏水,给下游带来危害。

闸门漏水需要临时抢堵时,应尽可能请专业队伍进行抢护,决不可轻易下水抢护。必要时,在确保下水人员人身安全的前提下,一般可采取以下方法抢堵:

(1)在关门挡水的条件下,可从闸上游靠近闸门处,用沥青麻丝、棉纱团、棉絮等堵塞缝隙,并用木楔挤紧;也可在闸门临水面用灰渣等向水中投放,利用水的吸力堵漏。如系木闸门漏水,也可用木条、木板或布条、柏油等进行修补或堵塞。

(2)对斜拉闸门及分级卧管进水口漏水等问题,可参照上述方法进行处理。

在处理闸门事故时,要特别注意人身安全,特别是正在放水的涵洞,绝对不能轻易派人潜水检查,以免发生不测。

采用破坏闸门措施时应确保大坝和人身安全。

3. 启闭机螺杆弯曲抢修

闸、涵闸门启闭使用人力、电力两用螺杆或启闭机,因开度指示器不准确,或限位开关失灵,电机接线相序错误、闸门底部有石块等障碍物,或因超标准运用,工作水头超过设计水头,致使启闭力过大,超过螺杆许可压力,引起纵向弯曲。在条件许可时,其抢修方法如下:

(1)在不能将螺杆从启闭机拆下时,可在现场用活动扳手、千斤顶、支撑杆及钢撬等器具进行矫直。

(2)将闸门与螺杆的连接销子或螺栓拆除,把螺杆向上提升,使弯曲段靠近启闭机,在弯曲段的两端,靠近闸室侧墙设置反向支撑,然后在弯曲凸面用千斤顶缓慢加压,将弯曲段矫直,见图 4-23。

(3)若螺杆直径较小,经拆卸并支承定位后,可用手动螺杆矫正器将弯曲段矫直,见图 4-24。

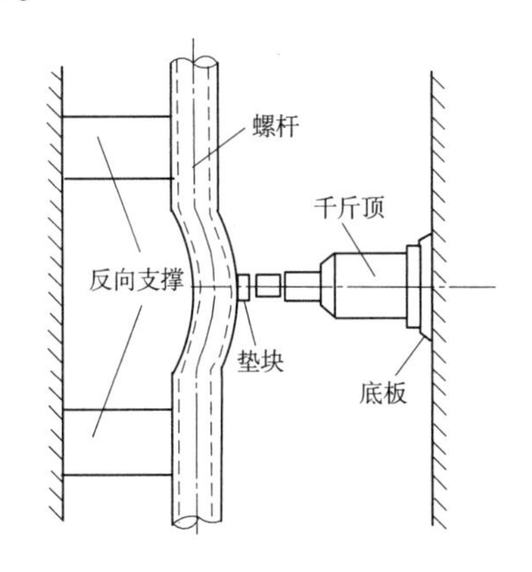

图 4-23 千斤顶矫正螺杆弯曲段示意图

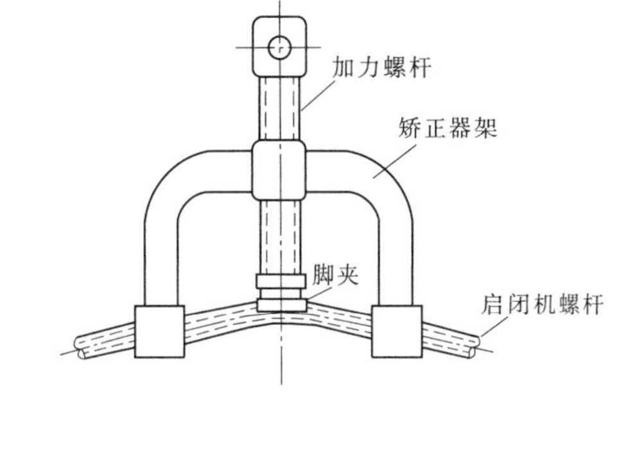

图 4-24 手动螺杆矫正器示意图

4.3 其他坝型险情抢护

小型水库大坝坝型主要是土石坝,但也有少量的混凝土重力坝、砌石重力坝、拱坝等坝型。从历史上看,重力坝、拱坝发生垮坝失事的实例很少。其险情主要有渗漏、裂缝、岸坡不稳、输泄水建筑物险情等。

一般混凝土坝、砌石坝发生渗漏、裂缝和岸坡不稳均是一个缓慢变化的过程。可通过分析其原因,对症下药,采用日常维修的方法,能够解决这些问题。

对于输泄水建筑物类险情,抢护方法与土石坝相同。

5 小型水库相关法律法规

法律法规,是指中华人民共和国现行有效的法律、行政法规、司法解释、地方法规、地方规章、部门规章和其他规范性文件及对于该等法律法规的不时修改和补充。

水库管理法律法规体系包括水库管理相关法律、行政法规、部门规章及地方性法规。《中华人民共和国水法》《中华人民共和国防洪法》《水库大坝安全管理条例》等法律法规相继颁布实施以来,我国水库管理法规与技术标准得以不断建设与完善,已经形成了较为系统的水库管理法规。

我国水库(包括水电站)由水利、电力、建设、交通、农业等不同部门管辖,在法律法规要求下,各部门制定了不同的水库管理规章,无论是管辖水库数量,还是规章的系统与完整性,都以水利部门为主导。此外,电力部门制定的大坝安全管理规章相对完整,其他部门则主要参照水利部的规章实施水库管理,各省、市、县根据国家法律法规,也相继制定了适应本辖区的地方性法规,以规范本区的水库安全管理。

在小型水库管理中,各县市可根据相关法律法规,结合当地实际情况,制定出具体化的规章制度。例如,某地摘录了有关水库管理法律法规的二十条禁令,且张贴公布在各小型水库岸边,详见附录 7。

现将与小型水库管理工作密切相关的法律法规和制度摘录如下。

5.1 主要法律法规

5.1.1 水库大坝安全管理条例

《水库大坝安全管理条例》于 1991 年 3 月 22 日中华人民共和国国务院令第 77 号发布,根据 2011 年 1 月 8 日《国务院关于废止和修改部分行政法规的决定》修订,自发布之日起施行。

该条例是水库管理的核心法规,提出了一系列保障水库大坝安全,促进综合效益发挥的制度要求,规定了水库业主和部门监管职责、大坝的建设,对水库提出了全面、系统、具体的要求。其中,与小型水库专管人员工作相关的主要条例如下。

5.1.1.1 关于本条例的适用范围

第二条　本条例适用于中华人民共和国境内坝高 15 米以上或者库容 100 万立方米以上的水库大坝(以下简称大坝)。大坝包括永久性挡水建筑物以及与其配合运用的泄洪、输水和过船建筑物等。

坝高 15 米以下、10 米以上或者库容 100 万立方米以下、10 万立方米以上,对重要城镇、交通干线、重要军事设施、工矿区安全有潜在危险的大坝,其安全管理参照本条例执行。

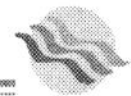

5.1.1.2 关于管理的责任和义务

第三条 国务院水行政主管部门会同国务院有关主管部门对全国的大坝安全实施监督。县级以上地方人民政府水行政主管部门会同有关主管部门对本行政区域内的大坝安全实施监督。

各级水利、能源、建设、交通、农业等有关部门,是其所管辖的大坝的主管部门。

第六条 任何单位和个人都有保护大坝安全的义务。

5.1.1.3 关于大坝管理和保护范围

第十条 兴建大坝时,建设单位应当按照批准的设计,提请县级以上人民政府依照国家规定划定管理和保护范围,树立标志。

已建大坝尚未划定管理和保护范围的,大坝主管部门应当根据安全管理的需要,提请县级以上人民政府划定。

5.1.1.4 关于禁止行为

第十三条 禁止在大坝管理和保护范围内进行爆破、打井、采石、采矿、挖砂、取土、修坟等危害大坝安全的活动。

第十五条 禁止在大坝的集水区域内乱伐林木、陡坡开荒等导致水库淤积的活动。禁止在库区内围垦和进行采石、取土等危及山体的活动。

第十六条 大坝坝顶确需兼做公路的,须经科学论证和大坝主管部门批准,并采取相应的安全维护措施。

第十七条 禁止在坝体修建码头、渠道、堆放杂物、晾晒粮草。在大坝管理和保护范围内修建码头、鱼塘的,须经大坝主管部门批准,并与坝脚和泄水、输水建筑物保持一定距离,不得影响大坝安全、工程管理和抢险工作。

5.1.1.5 关于管理内容

第十八条 大坝主管部门应当配备具有相应业务水平的大坝安全管理人员。

大坝管理单位应当建立、健全安全管理规章制度。

第十九条 大坝管理单位必须按照有关技术标准,对大坝进行安全监测和检查;对监测资料应当及时整理分析,随时掌握大坝运行状况。发现异常现象和不安全因素时,大坝管理单位应当立即报告大坝主管部门,及时采取措施。

第二十二条 大坝主管部门应当建立大坝定期安全检查、鉴定制度。

汛前、汛后,以及暴风、暴雨、特大洪水或者强烈地震发生后,大坝主管部门应当组织对其所管辖的大坝的安全进行检查。

5.1.2 小型水库安全管理办法

2010年5月31日,水利部以水安监〔2010〕200号印发《小型水库安全管理办法》。该《办法》分总则、管理责任、工程设施、管理措施、应急管理、监督检查、附则共7章33条,自公布之日起施行。

5.1.2.1 小型水库管理的内容和要求

第十一条 水库管理单位或管护人员按照水库管理制度要求,实施水库调度运用,开展水库日常安全管理与工程维护,进行大坝安全巡视检查,报告大坝安全情况。

第十九条　对重要小型水库,水库主管部门(或业主)应明确水库管理单位;其他小型水库应有专人管理,明确管护人员。小型水库管理(管护)人员应参加水行政主管部门组织的岗位技术培训。

第二十条　小型水库应建立调度运用、巡视检查、维修养护、防汛抢险、闸门操作、技术档案等管理制度并严格执行。

第二十二条　水库管理单位或管护人员应按照有关规定开展日常巡视检查,重点检查水库水位、渗流和主要建筑物工况等,做好工程安全检查记录、分析、报告和存档等工作。重要小型水库应设置必要的安全监测设施。

5.1.2.2　险情报告与处理

第二十七条　水库管理单位或管护人员发现大坝险情时应立即报告水库主管部门(或业主)、地方人民政府,并加强观测,及时发出警报。

5.1.3　湖北省水库管理办法

《湖北省水库管理办法》于2002年6月17日省人民政府常务会议审议通过,自2002年8月1日起施行。

5.1.3.1　水库工程的管理范围和保护范围

水库工程的管理范围和保护范围见表5-1。

第十四条　水库工程管理和保护范围由水行政主管部门会同国土资源行政主管部门按下列标准划定。

工程管理范围:库区设计洪水位以下的土地和库内岛屿;主坝、副坝及其禁脚地和溢洪道(主坝为坝高的7~10倍,副坝为坝高的5~7倍,溢洪道两边为开口面的3~5倍);渠道及其禁脚地(填方自外堤脚线,挖方自开口线算起,干渠为线外10米,支渠为线外5米)。

工程保护范围:主坝两端各200米,禁脚地以外100米;副坝两端各100米,禁脚地以外50米,溢洪道管理范围以外50米;渠道从禁脚地外沿算起,干渠20米,支渠10米;涵闸、涵洞、隧道、电站从建筑物外沿算起,大型为周围500米,中型为周围300米,小型为周围100米;渡槽槽身投影面两侧,大型为30米,中型为20米,小型为10米;渡槽两端大型为200米,中型为100米,小型为50米。

表5-1　水库工程的管理范围和保护范围

建筑物类型	水库管理范围	水库保护范围	示意图
库区	设计洪水位以下的土地和库内岛屿		设计洪水位 坝高H 土地和库内岛屿

续表 5-1

建筑物类型	水库管理范围	水库保护范围	示意图
主坝	主坝及其禁脚地（主坝为坝高的7～10倍）	两端各200 m，禁脚地以外100 m	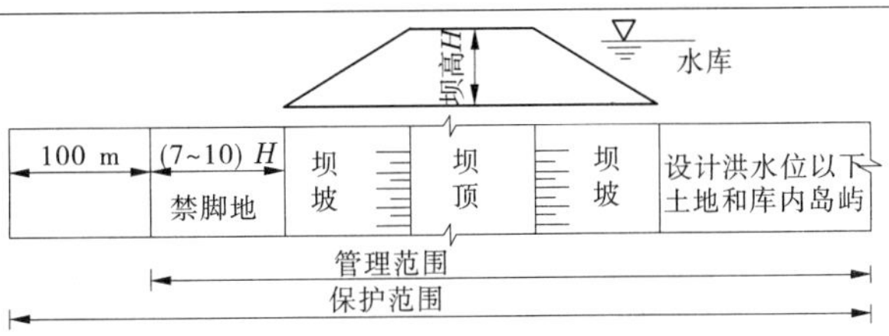 坝高H　水库　100 m　(7～10) H　禁脚地　坝坡　坝顶　坝坡　设计洪水位以下土地和库内岛屿　管理范围　保护范围
副坝	副坝及其禁脚地（副坝为坝高的5～7倍）	两端各100 m，禁脚地以外50 m	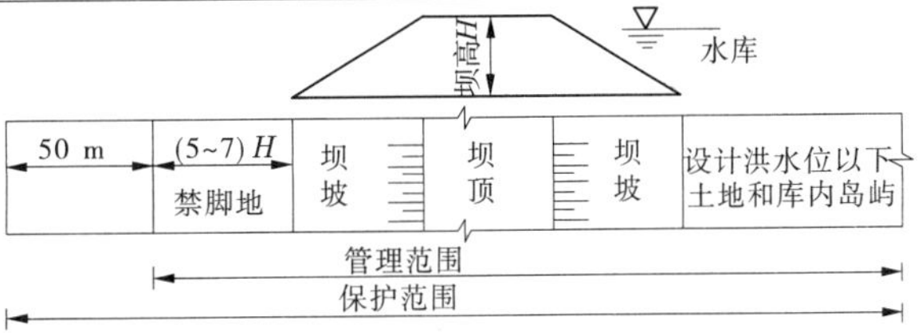 坝高H　水库　50 m　(5～7) H　禁脚地　坝坡　坝顶　坝坡　设计洪水位以下土地和库内岛屿　管理范围　保护范围
溢洪道	溢洪道两边为开口面的3～5倍	溢洪道管理范围以外50 m	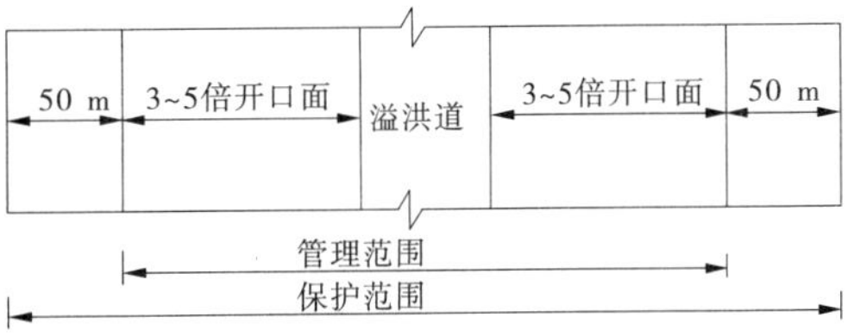 50 m　3～5倍开口面　溢洪道　3～5倍开口面　50 m　管理范围　保护范围
干渠	渠道及其禁脚地（填方自外堤脚线，挖方自开口线算起，线外10 m）	从禁脚地外沿算起20 m	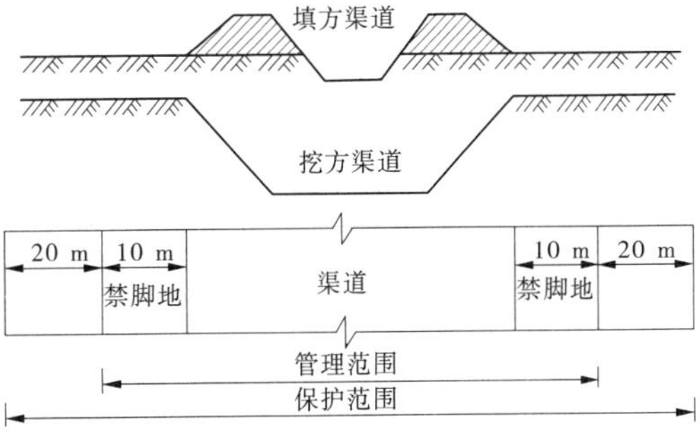 填方渠道　挖方渠道　20 m　10 m　禁脚地　渠道　10 m　禁脚地　20 m　管理范围　保护范围
支渠	渠道及其禁脚地（填方自外堤脚线，挖方自开口线算起，线外5 m）	从禁脚地外沿算起10 m	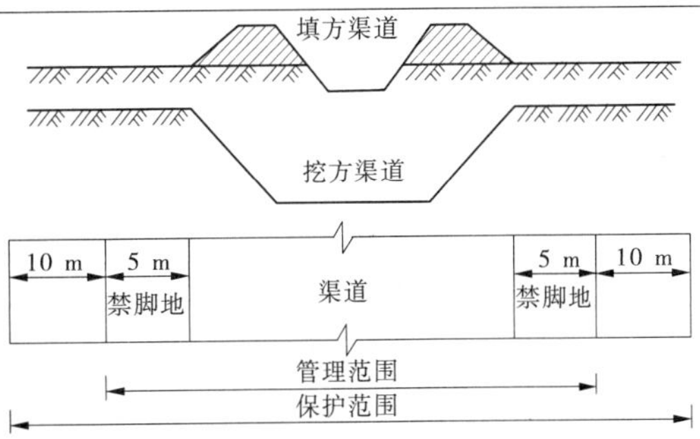 填方渠道　挖方渠道　10 m　5 m　禁脚地　渠道　5 m　禁脚地　10 m　管理范围　保护范围

5.1.3.2 禁止各种危害水库安全的活动

第十七条 水库工程及其设施受国家法律保护,禁止任何单位和个人从事下列危害水库工程安全的活动:

(一)侵占和损毁主坝、副坝、溢洪道、输水洞(管)、电站及输变电设施、涵闸等工程设施;

(二)移动或破坏观测设施、测量标志、水文、交通、通信、输变电等设施设备;

(三)在坝体、溢洪道、输水设施上兴建房屋、修筑码头、开挖水渠、堆放物料、开展集市活动等;

(四)在工程管理和保护范围内爆破、钻探、采石、开矿、打井、取土、挖砂、挖坑道、埋坟等;

(五)损毁渠道、渡槽、隧洞及其建筑物、附属设施设备;

(六)在渠堤上垦植、铲草、移动护砌体;

(七)在水库内筑坝拦汊,分割水面,或者填占水库,缩小库容。

5.1.3.3 擅自使用设计洪水位以下区域,由于洪水造成损失的不予赔偿

第十八条 擅自到水库设计洪水位以下种植农作物,或者从事其他生产经营活动,水库按调度规程蓄水对其造成淹没损失的,政府及水库管理单位不承担赔偿责任。

5.1.3.4 有关水质保护方面的内容

第二十五条 在水库、渠道水域内,禁止下列活动:

(一)直接或间接排放污水、油污和高效、高残留的农药,洗涤污垢物体,浸泡植物等;

(二)施用对人体有害的鱼药;

(三)倾倒砂、石、土、垃圾和其他废弃物;

(四)国家法律法规禁止的其他活动。

第二十六条 禁止在水库周边兴建向水库排放污染物的工业企业。原已建成投产的,应当限期治理,实现达标排污。不能达标排污的,限期搬迁。

第二十七条 禁止水库周边的楼堂馆所及旅游设施直接向水库排放污水、污物。确需向水库排放污水的,必须采取污水处理措施,经环保部门验收达到排污标准后方可排放。水库管理单位应当配合环保部门定期检查,发现未达到排污标准的,限期采取措施;逾期拒不采取处理措施的,由环保行政主管部门会同水行政主管部门依法处理。

第二十八条 利用水库资源开发旅游项目的,应当由县级以上人民政府组织水利、旅游、环保等部门制订规划。开发的旅游项目不得污染水体、破坏生态环境。

有城镇生活供水任务的水库,由有管辖权的水行政主管部门划定生活饮用水保护区,设立标志。区内禁止从事污染水体的活动。

第二十九条 利用水库进行水产养殖、科学试验的,必须事先经过水库管理单位同意,有偿使用。水产养殖、科学试验不得影响大坝安全和污染水体。

5.1.3.5 对违反相关规定的单位和个人的罚责

第三十条 违反本办法规定,拒绝进行水库蓄水安全鉴定、大坝注册登记和大坝安全

鉴定的，由县级以上水行政主管部门给予1 000元以下的罚款；对直接责任人依照有关规定给予行政处分。

第三十一条　违反本办法第十七条规定的，由县级以上水行政主管部门责令停止违法行为，限期采取补救措施，可并处1 000元以下罚款。

第三十二条　水库管理人员玩忽职守、滥用职权、徇私舞弊的，由水行政主管部门或者人民政府给予行政处分；构成犯罪的，依法追究刑事责任。

5.1.4　湖北省湖泊保护条例

2012年5月30日湖北省第十一届人民代表大会常务委员会第三十次会议通过，自2012年10月1日起实施。水库的水污染防治适用本条例。

5.1.4.1　禁止向水体中随意排放污水、丢弃废弃物

第三十六条　禁止向湖泊排放未经处理或者处理未达标的工业废水、生活污水。

禁止向湖泊倾倒建筑垃圾、生活垃圾、工业废渣和其他废弃物。

禁止在属于饮用水水源保护区的湖泊水域设置排污口和从事可能污染饮用水水体的活动。

第四十条　县级以上人民政府农(渔)业行政主管部门应当会同水行政、环境保护等部门，按照湖泊的水功能区划、水环境容量和防洪要求编制渔业养殖规划，确定具体的养殖水域、面积、种类和密度等，报本级人民政府批准。

禁止在湖泊水域围网、围栏养殖；本条例实施前已经围网、围栏的，由县级以上人民政府限期拆除。

禁止在湖泊水域养殖珍珠和投化肥养殖。

5.1.4.2　违反相关规定的要承担法律责任

第六十一条　违反本条例第四十条第二款规定，围网、围栏养殖的，由县级以上人民政府农(渔)业行政主管部门责令限期拆除，没收违法所得；逾期不拆除的，由农(渔)业行政主管部门指定有关单位代为清除，所需费用由违法行为人承担，处1万元以上5万元以下罚款。

违反本条例第四十条第三款在湖泊水域养殖珍珠的，由县级以上人民政府农(渔)业行政主管部门责令停止违法行为，没收违法所得，并处5万元以上10万元以下罚款。

违反本条例第四十条第三款在湖泊水域投化肥养殖的，由县级以上人民政府农(渔)业行政主管部门责令停止违法行为，采取补救措施，处500元以上1万元以下罚款；污染水体的，由县级以上人民政府环境保护行政主管部门责令停止违法行为，没收违法所得，并处5万元以上10万元以下罚款。

5.2　水库安全管理的主要制度

水库安全管理的主要制度包括《水库大坝注册登记办法》《水库大坝安全鉴定办法》

和《水库降等与报废管理办法》三项制度。

5.2.1 《水库大坝注册登记办法》

1995 年 12 月 28 日水利部水管〔1995〕290 号颁发，根据 1997 年 12 月 25 日水利部《关于修改并重新发布〈水库大坝注册登记办法〉的通知(水政资〔1997〕538 号)》修正。

第一条　为掌握水库大坝的安全状况，加强水库大坝的安全管理和监督，根据国务院发布的《水库大坝安全管理条例》，制定本办法。

第二条　本办法适用于中华人民共和国境内库容在 10 万立方米以上已建成的水库大坝。所指大坝包括永久性挡水建筑物以及与其配合运用的泄洪、输水等建筑物。

第三条　县级及以上水库大坝主管部门是注册登记的主管部门。水库大坝注册登记实行分部门分级负责制。县一级各大坝主管部门负责登记所管辖的库容在 10 万至 1 000 万立方米的小型水库大坝。

第五条　凡符合本办法第二条规定已建成运行的大坝管理单位，应到指定的注册登记机构申报登记。没有专管机构的大坝，由乡镇水利站申报登记。

水库大坝注册登记需履行申报、审核和发证程序，如图 5-1 所示。

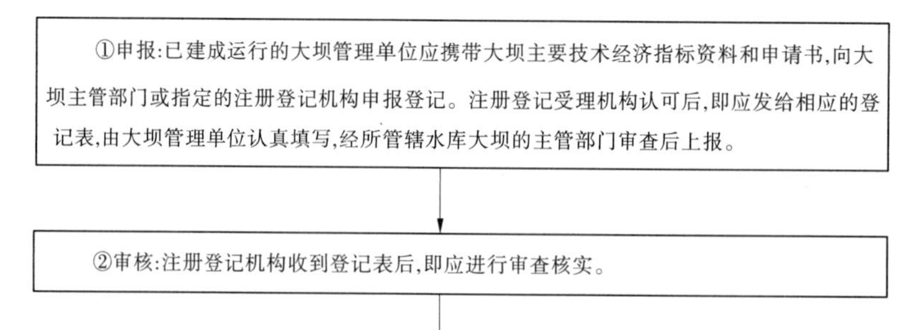

图 5-1　水库大坝注册登记程序

5.2.2 《水库大坝安全鉴定办法》

《水库大坝安全鉴定办法》由水利部修订颁布，2003 年 8 月 1 日起施行。

水库大坝包括永久性挡水建筑物，以及与其配合运用的泄洪、输水和过船等建筑物，事关重大，危险性高，在日常运行管理上必须保证其安全。水库大坝分三个安全等级，鉴定的安全评价包括工程质量评价、大坝运行管理评价、防洪标准复核、大坝结构安全、稳定评价、渗流安全评价、抗震安全复核、金属结构安全评价和大坝安全综合评价等几个方面。

鉴定办法中将大坝安全状况分为三类，分类标准见表 5-2。

表 5-2 水库大坝安全等级分类标准

分类	标准
一类坝	实际抗御洪水标准达到《防洪标准》(GB 50201—94)规定,大坝工作状态正常;工程无重大质量问题,能按设计正常运行的大坝
二类坝	实际抗御洪水标准不低于部颁水利枢纽工程除险加固近期非常运用洪水标准,但达不到《防洪标准》(GB 50201—94)规定;大坝工作状态基本正常,在一定控制运用条件下能安全运行的大坝
三类坝	实际抗御洪水标准低于部颁水利枢纽工程除险加固近期非常运用洪水标准,或者工程存在较严重安全隐患,不能按设计正常运行的大坝

第九条 大坝安全鉴定包括大坝安全评价、大坝安全鉴定技术审查和大坝安全鉴定意见审定三个基本程序。

(一)鉴定组织单位负责委托满足第十一条规定的大坝安全评价单位(以下称鉴定承担单位)对大坝安全状况进行分析评价,并提出大坝安全评价报告和大坝安全鉴定报告书;

(二)由鉴定审定部门或委托有关单位组织并主持召开大坝安全鉴定会,组织专家审查大坝安全评价报告,通过大坝安全鉴定报告书;

(三)鉴定审定部门审定并印发大坝安全鉴定报告书。

第十六条 鉴定组织单位应当根据大坝安全鉴定结果,采取相应的调度管理措施,加强大坝安全管理。

对鉴定为三类坝、二类坝的水库,鉴定组织单位应当对可能出现的溃坝方式和对下游可能造成的损失进行评估,并采取除险加固、降等或报废等措施予以处理。在处理措施未落实或未完成之前,应制定保坝应急措施,并限制运用。

5.2.3 《水库降等与报废管理办法》

本办法于 2003 年 1 月 2 日水利部部务会议审议通过,自 2003 年 7 月 1 日起施行。

降等是指因水库规模减小或者功能萎缩,将原设计等别降低一个或者一个以上等别运行管理,以保证工程安全和发挥相应效益的措施。

报废是指对病险严重且除险加固技术上不可行或者经济上不合理的水库及功能基本丧失的水库所采取的处置措施。

本办法第七条、第八条分别规定了水库需降等和报废的情况,第十四条、十五条分别规定了降等和报废后需采取的措施,见表 5-3。

表 5-3　水库降等和报废的条件及处理措施

项目	降等	报废
条件	（一）因规划、设计、施工等原因，实际工程规模达不到《水利水电工程等级划分及洪水标准》（SL 252—2000）规定的原设计等别标准，扩建技术上不可行或者经济上不合理的； （二）因淤积严重，现有库容低于《水利水电工程等级划分及洪水标准》（SL 252—2000）规定的原设计等别标准，恢复库容技术上不可行或者经济上不合理的； （三）原设计效益大部分已被其他水利工程代替，且无进一步开发利用价值或者水库功能萎缩已达不到原设计等别规定的； （四）实际抗御洪水标准不能满足《水利水电工程等级划分及洪水标准》（SL 252—2000）规定或者工程存在严重质量问题，除险加固经济上不合理或者技术上不可行，降等可保证安全和发挥相应效益的； （五）因征地、移民或者在库区淹没范围内有重要的工矿企业、军事设施、国家重点文物等原因，致使水库自建库以来不能按照原设计标准正常蓄水，且难以解决的； （六）遭遇洪水、地震等自然灾害或战争等不可抗力造成工程破坏，恢复水库原等别经济上不合理或技术上不可行，降等可保证安全和现阶段实际需要的； （七）因其他原因需要降等的	（一）防洪、灌溉、供水、发电、养殖及旅游等效益基本丧失或者被其他工程替代，无进一步开发利用价值的； （二）库容基本淤满，无经济有效措施恢复的； （三）建库以来从未蓄水运用，无进一步开发利用价值的； （四）遭遇洪水、地震等自然灾害或战争等不可抗力，工程严重毁坏，无恢复利用价值的； （五）库区渗漏严重，功能基本丧失，加固处理技术上不可行或者经济上不合理的； （六）病险严重，且除险加固技术上不可行或者经济上不合理，降等仍不能保证安全的； （七）因其他原因需要报废的
措施	（一）必要的加固措施； （二）相应运行调度方案的制订； （三）富余职工安置； （四）资料整编和归档； （五）批复意见确定的其他措施	（一）安全行洪措施的落实； （二）资产以及与水库有关的债权、债务合同、协议的处置； （三）职工安置； （四）资料整编和归档； （五）批复意见确定的其他措施

6　小型水库专管人员管理

6.1　专管人员的职责与权利

专管人员承担了小型水库的管理工作，其职责包括学习小型水库的基础知识、相关法律法规，进行小型水库的检查观测和养护及参与小型水库的防汛抢险等。在按照要求履行工作职责的同时，专管人员也享有获取相应报酬和参加技术培训的权利。

6.1.1　专管人员的职责

(1)学习《中华人民共和国防洪法》《中华人民共和国水法》《中华人民共和国防汛条例》和《水库大坝安全管理条例》等有关法律法规知识及相关业务知识，密切关注当地气象预报和水雨情况，掌握工程存在的问题，熟悉水库度汛预案。

(2)严格执行上级防汛部门下达的水库度汛方案和防汛调度命令，认真执行水库报汛规定，及时上报水情、雨情、工情、险情，准确及时地完成各项任务。

(3)经常清除坝面灌木杂草，对坝顶路面进行修复，保持坝面干净整洁，对坝坡的雨淋沟及坑凹进行修整，护坡草皮良好，以便观察水库运行情况。

(4)定期对输水涵管及启闭设施进行维护保养，保证随时灵活启闭。严禁非专管人员启闭输水闸。

(5)每年的汛前、汛中、汛末要对水库进行全面检查，重点检查水库大坝、溢洪道、输水涵管等水库建筑物的安全状况，并将检查结果做好记录及时报告上级主管部门。

(6)坚持巡查制度，准确及时填写工作记录。

日常巡查：主要巡查水库设施是否完整，水库面貌是否整洁，水库管理范围内是否有水事违法事件等。巡查管理人员在主汛期及非汛期库水位达到设计正常高水位时，每天巡查不少于一次，并填写工作记录；非汛期无特殊情况，每周巡查不少于一次。

当预报有暴雨、洪水、有感地震、库水位骤升骤降或超过历史最高水位时，应加密巡查次数，必须每日上午和下午各巡查一次，紧急情况，根据需要随时现场巡查。

(7)发现以下行为应及时上报：侵占和损坏主坝、副坝、溢洪道、输水洞(管)、涵闸等工程设施，在水库保护范围内禁止爆破、钻探、采石、开矿、打井、取土、挖砂、挖坑道、埋坟等。在水库内筑坝拦汊、分割水面或者填占水库、缩小库容。投肥养鱼等严重污染水库水质的行为。

(8)严格执行报汛制度。不论汛期和非汛期，凡遇降雨或库水位在汛限水位以上时，必须每日上午向乡镇防汛办报告降雨量、水位和水库运行情况；发生强降雨每6 h记录并报告一次降雨情况。未发生降雨及库水位在汛限水位以下，汛期必须每2 d向乡镇防汛办报告水库运行情况一次,非汛期必须每周向乡镇防汛办报告水库运行情况一次。

水库专管人员必须全天确保通信畅通。水库专管人员不得随意变更电话号码。如需更换,应及时向村委会、乡镇防办和县防办报告。

(9)当工程出现险情时,必须在第一时间向乡镇防汛办和县市水行政主管部门报告,并加密巡查,准确及时填写工作记录。对巡查中发现的问题,应根据上级防汛部门的指示采取切实可行的相应措施,进行抢护,防止险情迅速扩大。

6.1.2 专管人员的权利

(1)在聘用期间,完成本职工作并且年终考核合格,有权获得相应的报酬。

(2)在规定的时间内参加上级机关举办的技术培训。

6.2 专管人员的选聘与培训

6.2.1 专管人员的选聘

6.2.1.1 专管人员一般应当具备的条件

(1)工作认真、责任心强,能认真学习和掌握有关水库管理的业务知识,能履行水库的管理职责。

(2)身体健康,具有初中以上文化,年龄一般为20~65周岁。

(3)能有效安全地使用通信工具和交通工具。

(4)乡镇水利管理站工作人员、村级农民水利技术员、水库原管理人员、水库就近自然村素质较高的村民可优先,同一人不得同时担任两座及以上水库的管理员。

6.2.1.2 选聘的一般程序

本着"公开、公平、公正"的原则,小(1)型水库原则上宜聘用不少于3名专管人员,小(2)型水库宜聘用不少于2名专管人员。按聘用条件自愿报名,由小型水库主管部门选聘,并报县级水行政主管部门备案。初定人员必须参加县级水行政主管部门举办的培训班,经考试合格后,方可聘用为水库专管人员,承担小型水库管理。小型水库专管人员选聘流程见图6-1。

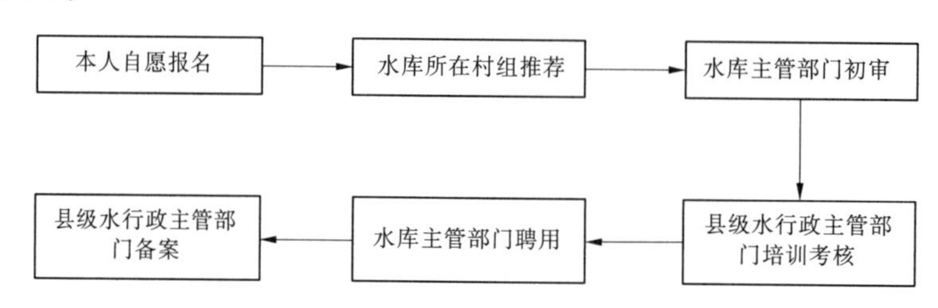

图6-1 小型水库专管人员选聘流程

6.2.1.3 专管人员的聘用合同

聘用合同的内容除规定小型水库专管人员(乙方)的工作职责和权利义务外,还规定了甲方(水库主管部门)及鉴证方(县级水行政主管部门)的权利和义务。合同主要内容还包括双方违约的责任及处理方法。乙方的权利和义务在前文中已有说明,下面介绍甲方和鉴证方的权利和义务,以及各方的违约责任及处理办法。

1. 甲方(水库主管部门)的权利和义务

(1)甲方对乙方的工作情况进行日常检查、指导和督办。

(2)甲方会同鉴证方制定考核办法,对乙方的工作情况进行考核,考核结果作为年终合同兑现依据。

(3)甲方对乙方考核不合格或乙方违反合同约定,甲方有权予以辞退,并拒付劳动报酬。乙方因身体或其他原因不胜任此项工作,甲方有权予以调换。

(4)甲方应按照合同约定向乙方拨付劳动报酬。

(5)甲方应定期为乙方提供业务技术培训。

2. 鉴证方(县级水行政主管部门)的权利和义务

(1)参与甲、乙方管理服务项目合同的制定,并享有对乙方服务项目的指导、监督、考核和劳动报酬的审核权。

(2)会同甲方研究制定管理服务考核办法,并参与对乙方的服务项目的跟踪管理和完成情况的考核。

(3)协助甲方共同为乙方提供必要的服务平台、业务培训和继续教育。

(4)乙方被考核不合格,协助甲方进行辞退,重新选聘新的管理人员。

(5)鉴证方在合同的合法性、完整性及平衡性上负有审核的责任。所谓合同的平衡性,即指甲、乙双方权利义务要相对平衡,没有只有权利而没有义务的合同,一方享受了权利,就必须承担相应的义务,权利和义务必须匹配。

3. 违约责任及处理

(1)甲方无故终止合同,乙方不履行合同义务或不胜任工作的为违约。

(2)甲方、鉴证方如违反本合同规定,由当地人民政府协调处理。

(3)乙方如违反合同规定,按考核办法扣减劳动报酬,造成严重事故的根据国家相关规定追究其相应责任。

6.2.2 专管人员的培训

(1)初定人员必须参加县级水行政主管部门举办的培训班,经考试合格后,方可聘用为水库专管人员,承担小型水库的管理工作。

(2)小型水库专管人员在任职期间必须按县级水行政主管部门、水库主管部门的要求参加各类培训,并考核合格。

(3)培训的主要目的是使小型水库专管人员掌握小型水库管理的基本知识和基本技能,明确其工作职责,了解相关法律法规。

6.3 专管人员的考核与奖惩

6.3.1 日常管理

（1）小型水库专管人员实行一年一聘，由水库主管部门聘任，报县市水利局备案。

（2）专管人员按要求参加由上级机关组织的培训。

（3）专管人员要认真履行工作职责，按要求巡查水库安全和报汛，做到水库情况掌握准确及时。县市水利局、乡镇人民政府和水库主管部门要对专管人员工作定期或不定期进行督查。

（4）专管人员在汛期原则上不准外出，如要外出，应向主管部门办理请假手续，并做好交接班工作。

（5）县市水利局要建立专管人员档案。

（6）专管人员在聘用期间因各种原因不能正常履职，应及时解聘，并按规定补聘，不得空缺。

6.3.2 年度考核

6.3.2.1 组织领导

考核工作由小型水库主管部门牵头，会同有关行政主管部门负责人组成考评小组，开展专管人员考核工作。考评工作实行年度考核，年度考核一年一次。

6.3.2.2 考核内容

（1）水库设施管理情况。

（2）开展水法律、法规宣传及参加培训情况。

（3）水库日常巡查工作。

（4）水情、工情等信息的采集、上报与统计工作。

（5）协助查处水事违法案件工作和矛盾纠纷排查调处工作。

（6）水库突发事件、工程安全隐患应急处理工作。

（7）工作落实和业绩情况。

6.3.2.3 考核形式

考核采取“听、查、评”相结合的办法，考评小组对专管人员履行职责、工作态度、参加培训等情况进行综合考评。一是听取有关小型水库主管部门对专管人员管理工作情况汇报；二是专管人员进行述职；三是查阅有关资料；四是随机走访群众了解专管人员工作情况；五是采用百分制对每位专管人员工作情况进行量化考核。

6.3.2.4 考核步骤

考核采取“自查、复核、评议、确定”四个步骤进行。专管人员按考核细则对自己履行职责情况进行自查、自评，并形成书面报告；考核组根据考评细则有关要求进行复核；考评后，经综合评议，确定考核等次。

6.3.2.5 考核等次

考核结果分优秀、合格、基本合格、不合格4个等次，考评得分90分以上为优秀，70～89分为合格，60～69分为基本合格，60分以下为不合格。具体考核办法及标准由各地根据本地区实际情况制定。

各水行政主管部门对专管人员考核结果予以通报，对考核优秀的予以表彰，对考核不合格的按规定程序予以解聘。

6.3.3 专管人员的奖惩

(1)对考核为优秀等次或责任水库经检查受到上级表彰的专管人员给予通报表彰，并适当给予奖励。

(2)出现险情，未及时报告，后果严重的，停发劳动报酬，并追究相关人员责任。

(3)漏查、漏报发生责任事故的，给予解聘，停发劳动报酬，并按规定追究相关责任。

附　录

附录 1　典型垮坝事故

1.1　青海沟后水库

沟后水库位于青海省海南藏族自治州共和县境内，水库设计总容量为 330 万 m^3，正常蓄水位、设计洪水位和校核洪水位均为 3 278 m，坝型为砂砾石面板坝，为灌溉水利枢纽，是Ⅳ等小型工程。水库工程于 1985 年 8 月正式动工兴建，1989 年 9 月下闸蓄水，1990 年 10 月竣工。

1993 年 8 月 27 日 23 时左右，沟后水库发生垮坝，见附图 1-1。垮坝前，水位在 3 261 ~ 3 277 m 间持续运行 43 d。洪水冲到水库下游 13 km 处有 3 万人居住的海南州州府暨共和县县府所在地恰卜恰镇。溃坝洪水最大流量为 2 780 m^3/s，至恰卜恰镇的最大洪水流量为 1 290 m^3/s，下泄水量约 268 万 m^3。恰卜恰、曲沟两乡和恰卜恰镇的 13 个村，38 个国营集体单位受灾。其中，遭受毁灭性灾害的单位 13 个；受灾农民、牧民、居民、职工群众 521 户，2 837 人，摧毁和严重损坏房屋 2 932 间；毁坏农田 1.37 万亩（1 亩 = 1/15 hm^2），人畜饮水主管道 35 km，水工建筑物 405 座，公路 26.3 km，农灌渠道 50 km，输电线路 10 多 km，公路桥梁 3 座，以及一些城镇基础设施、文教卫生设施；恰卜恰镇河西地区 1.2万居民的自来水供水系统完全毁坏。死亡 300 余人，多人下落不明，直接经济损失达 1.53亿元。

根据水利部专家组和青海省政府调查组的调查确认，水库垮坝是由于钢筋混凝土面板漏水和坝体排水不畅造成的，是一起严重的责任事故。在水库大坝的施工中存在较严重的质量问题：混凝土面板有贯穿性蜂窝；面板分缝之间有的止水与混凝土连接不好，甚至脱落；防浪墙与混凝土面板之间仅有的一道水平缝止水，有的部位系搭接，有的部位未嵌入混凝土中；对防浪墙上游水平防渗板在施工中已发现的裂缝，错误地采用抹水泥砂浆的方法处理，达不到堵漏效果。以上施工质量问题导致水库蓄水后面板漏水，浸润坝体。在大坝的设计中未设置排水，加之选用的坝体填料渗水性不好，致使坝体排水不畅，浸润线抬高后逐步饱和，最终造成坝体垮塌。水库施工中的严重质量问题和坝体设计上的缺陷，给水库留下的致命的隐患是垮坝的主要原因。

1.2　湖北通山县小湄港水库

通山县小湄港水库库容 14.4 万 m^3，1995 年 7 月 1 日零时至 7 月 2 日 5 时的 29 h 内，小湄港降雨 202 mm，坝右端约 20 m 长的坝段发生了坝顶溢流，7 月 2 日凌晨 5 时 30 分左

附图 1-1　青海沟后水库垮坝

右，大坝溃口垮坝，见附图 1-2。给下游湄港村造成的损失极为惨重，死亡 34 人，直接经济损失 165 万元。

附图 1-2　湖北通山县小湄港水库溃坝

溃坝原因：输水涵管被人为破坏，大坝及溢洪道标准不够，各项责任落实不够，平时缺乏有效管理，汛期暴雨时无应急措施。

1.3　黑龙江省星火水库

黑龙江省农垦海伦农场星火水库为小(1)型水库，库容 557 万 m^3，坝体为均质土坝。除险加固工程于 2009 年 8 月开工建设，2010 年 5 月完工，2010 年 10 月竣工验收。

2013 年 2 月 1 日 17 时 05 分，星火水库巡库及看管人员发现水库下游坝脚有渗水现象，经海伦农场水务局人员现场查勘，溢洪道闸室左侧翼墙与土石坝结合处渗漏，虽经现场抢险,但至23时左右,水库下游坡大面积坍塌,险情难以控制。2月2日2时,大坝溢洪道被冲毁,溢洪道左侧坝体垮塌溃决30 m,见附图1-3。2月2日8时左右,水库蓄水基本泄尽。水库溃坝后泄水主流全部泄入通肯河,造成直接经济损失合计约239万元。

星火水库事故原因为基础渗透破坏、长时间违规超标准蓄水、墙后回填土质量、半透水压重覆盖施工质量、溢洪闸上游翼墙型式变更、运行管理等,其中溢洪道坝基渗透破坏是主要原因。星火水库垮坝的直接原因为溢洪道与大坝接触处渗漏造成溢洪道冲毁、坝体溃决。

附图1-3　黑龙江省星火水库下游坡坍塌

1.4　山西洪洞县曲亭水库

曲亭水库是山西省临汾市洪洞县境内的一座水库,位于洪洞县曲亭镇吉恒村南部曲亭河上,建于1959年。水库主要水源来源于洪洞县北部霍山下的霍泉和库区雨水,水库正常库容为3 320万 m^3,集雨面积为128 km^2,海拔为549 m。该水库是一座蓄清拦洪、以灌溉为主综合利用的中型水库,现蓄水量1 900万 m^3。

2013年2月15日7时,曲亭水库灌溉输水管顶部垮塌,导致坝体出现管涌。当地随即成立指挥部并采取救援,在水库的内侧填充石料堵住管涌,随后输水管再次发生坍塌。随着输水管不断坍塌,不断带走大坝中间的泥石,从而导致大坝出现塌陷。水库大坝过水致使下游汾河水量剧增,满蓄1 900万 m^3 的水库几近干涸,坝体塌陷长度近300 m,如附图1-4所示。受水库垮塌影响,山西南同蒲铁路洪洞段有1.4 km长的铁路受损。由于水流将铁路的地基冲毁,南同蒲铁路关闭。

这次发生坍塌事故最主要的原因是其中一条输水管出现问题。因输水管老化严重(1959年建设),形成坝体塌陷,致使大坝在输水管处坍塌过水。

1.5　河南"75·8"垮坝事故

板桥水库,位于淮河支流汝河源头,坐落在河南省驻马店市西35 km处的驿城区板桥镇的白云山脚下。它是一座以防洪为主,兼有城市供水、灌溉、水产养殖、水力发电及旅游等综合效益的大型水利枢纽工程。1951年4月开始兴建,1952年建成拦洪,1953年竣

(a)

(b)

附图 1-4 山西洪洞县曲亭水库垮塌

工。最大库容 2.44 亿 m^3,最高水位 110.88 m。大坝为黏土心墙,最大坝高 24.5 m,坝顶高程 113.34 m,全长 1 700 m。工程在运用中发现大坝纵向裂缝和输水洞洞身裂缝,于 1956 年 2 月动工扩建加固。主体建筑物由原 3 级提高为 2 级,大坝裂缝挖除,重新回填,大坝加高 3 m,坝长增加至 2 020 m,并增设高 1.3 m 的防浪墙。

1975 年 8 月,由于超强台风莲娜引发驻马店地区特大暴雨。8 月 4 ~ 8 日,暴雨中心最大过程雨量达 1 631 mm,8 月 5 ~ 7 日 3 d 的最大降雨量为 1 605 mm,相当于驻马店地区年平均雨量的 1.8 倍。8 月 8 日 1 时开始,板桥、石漫滩两座大型水库,竹沟、田岗两座中型水库,以及 58 座小型水库在短短数小时内相继垮坝溃决。造成河南省有 29 个县市、1 100 万人受灾,伤亡惨重,1 700 万亩农田被淹,其中 1 100 万亩农田受到毁灭性的破坏,倒塌房屋 596 万间,冲走耕畜 30.23 万头,猪 72 万头,纵贯中国南北的京广线被冲毁 102 km,中断行车 18 d,影响运输 48 d,直接经济损失近百亿元,见附图 1-5。

附图 1-5 驻马店水库溃坝事件

造成河南“75 · 8”垮坝事故的原因有:以蓄为主、重蓄轻排的设计是主因,同时受“文化大革命”影响工程管理混乱;历史罕见的特大暴雨引发水库溃决;大坝溃决后,下游民众毫无准备,导致大量伤亡。

附录2　小型水库安全检查表格

附表2-1　巡视检查记录表

日期：________年______月______日　　　　　　天气：________

水库水位(m)	蓄水量(万 m^3)	溢洪道洪水深(m)	涵管放水流量(m^3/s)
检查部位		损坏或异常情况	处置或上报记载
坝体	坝顶 防浪墙 迎水坡 背水坡 排水系统 观测设施		
坝基和坝区	坝基 两岸坝端 坝趾近区		
输 泄水管(洞)	引水段进水塔 调压井洞 管身 出口消能工 闸门 通气孔 动力及启闭机		
溢洪道	进水段及引渠 溢流面及溢洪道边墙 闸门 动力及启闭机 下游河床及岸坡		
其他	包括备用电源、通信设施、预警系统和交通道路等情况		

检查人：　　　　　　　　　　　　　　　　负责人：

附表 2-2　土石坝裂缝检查记录表

日期（年-月-日）	编号	裂缝位置及走向	缝长（m）	缝深（cm）	测点缝宽			温度（℃）		上游水位	裂缝渗水情况	备注

观测者：　　　　　　　　　　　　　　校核者：

附表 2-3　土石坝渗漏检查记录表

日期（年-月-日）	编号	渗漏位置	渗漏量大小（m^3/s）	渗漏范围	上游水位（m）	渗水浑浊情况	备注

观测者：　　　　　　　　　　　　　　校核者：

附表 2-4　土石坝塌坑检查记录表

日期（年-月-日）	编号	塌坑位置（高程）	塌坑形状	塌坑范围	上游水位（m）	塌坑深度（m）	备注

观测者：　　　　　　　　　　　　　　校核者：

附表 2-5　混凝土坝（浆砌石坝）裂缝检查记录表

日期：____年____月____日　　　　　　气温：__________

序号	裂缝编号	位置	走向				宽度（mm）	长度（m）	深度（m）	渗漏	溶蚀	备注
			垂直	水平	倾斜	环向						

量测工具：　　　　　　　　量测人：　　　　　　　　记录人：

附表 2-6　混凝土坝(浆砌石坝)渗漏检查记录表

日期:____年____月____日

序号	渗水点编号	渗漏部位	高程	桩号	渗漏情况	渗漏性质

量测人:　　　　　　　　　　　　　　记录人:

附表 2-7　水库水位、降雨量观测记录表

年　　月

日期	时间	水尺编号	水尺读数	水位(m)	库容(万 m^3)	降雨量(mm)	观测人	备注

附表 2-8　三角堰观测记录表

年　　月

日期时间	库水位(m)	观测人	三角堰编号	堰上水头(mm)	实测流量(L/s)	水温(℃)	标准流量(L/s)	备注
			1#					
			2#					

附录 3　水库管理信息系统

水利信息化是国家信息化建设的重要组成部分,水利信息化的实施能全面提升水利事业各项工作的效率和效能,而水库信息化又是水利信息化的重要内容之一。近年来,湖北省的水库工程建设得到了巨大发展,为了实现水库信息管理的规范化与现代化,改善水库信息管理手段,提高信息管理效率,及时了解掌握水库运行中存在的问题,及时为决策层和管理人员提供准确、详实的资料,及时为防汛工作提供信息查询和辅助决策功能,因此结合湖北省水库除险加固工作及信息化实施工作,在湖北省水库安全普查资料的基础上,通过对水库基本信息、水库安全信息等信息的综合分析,开发了湖北省水库管理信息化平台(省级)即湖北省水库信息系统。此平台是针对全省各级水库各种信息综合管理而开发的应用系统,该系统为全省水库动态信息管理的统一平台,该系统的应用可以加强对全省水库信息的综合管理,可准确而便捷地浏览、查询、统计及分析各水库的综合数据。

水库管理信息系统可以远程监测各水库的水位、降雨量和现场图像，为保障水库的适度蓄水和安全度汛提供准确、及时的现场信息。水库管理人员也可以从每日不断重复的水雨情人工测报中腾出更多的精力投入工程管护。现场终端安装情况如附图 3-1 所示。

附图 3-1　水库现场终端安装情况

3.1　系统概述

湖北省水库湖泊信息系统能对水库基本信息和实时信息进行管理（增加、修改、删除和查询，查询结果能以 GIS、图表等方式辅助展现）；满足省级水库管理单位的防汛调度、除险加固及新建水库管理、运行管理等日常业务需要。软件开发分为四个功能模块，即水库基本信息管理、调度管理、除险加固及新建水库管理、运行管理。

3.1.1　基本信息管理

基本情况需实现对单库查询、条件组合查询、查询结果分类统计等功能，能实现在地图上点击单一水库以百度百科的方式显示水库基础信息，包括文字简介、水文、水库特征值、工程效益情况等内容，并可根据工作需要实时进行扩展。

3.1.2　调度管理

防汛调度管理包括调度基本信息查询和管理、每日实时信息查询和管理、系统警示、生成相应报表、已建成水库实时监控、防汛会商。

防汛应急管理包括报险管理、抢险管理、水库出险情况查询、汇总等。

3.1.3　除险加固及新建水库管理

除险加固及新建水库管理包括实现安全鉴定及安全分类、除险加固和新建水库项目管理、除险加固和新建水库项目报表管理、除险加固和新建水库项目基本情况查询等功能。

3.1.4　运行管理

运行管理要实现基本信息查询、注册登记管理、水库年报生成等功能。

系统提供内外网两种方式登录：

内网地址为：http://10.42.1.109/hbskpr；

外网地址为：http://219.140.162.169:8891/hbskpr。

同时登录湖北省湖泊局网站，网址为：http://www.hubeilake.gov.cn/，在下方办公平台找到水库信息管理系统，如附图 3-2 所示。

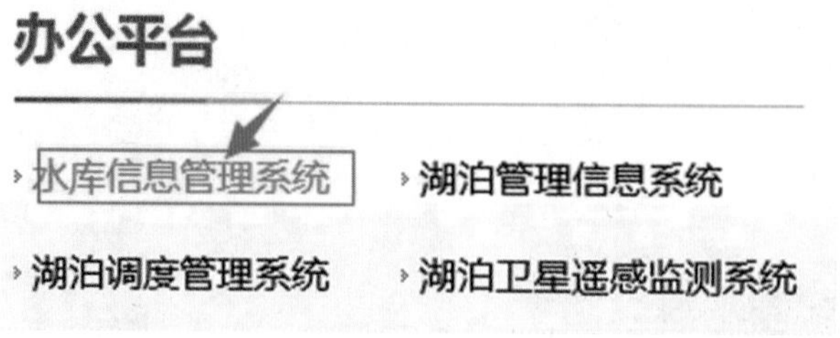

办公平台

湖泊管理信息系统

湖泊调度管理系统

湖泊卫星遥感监测系统

附图 3-2　湖北省湖泊局网站水库信息系统登录

推荐使用 IE8 ~ IE9 版本的 IE 浏览器登录本系统，当用户使用其他浏览器登录本系统时，可能会出现界面不显示等不兼容的情况。

3.2　地理信息

3.2.1　底图切换

3.2.1.1　功能介绍

地图提供了两种底图：矢量图和影像图。湖北省水利地理信息共享平台提供地图服务，所以必须连接水利专网才能查看底图。

3.2.1.2　操作步骤

底图切换的操作非常简单，只需单击 < 影像图 > 或 < 地形图 > 按钮即可显示相应的地图，默认显示的为地形图，如附图 3-3 所示。

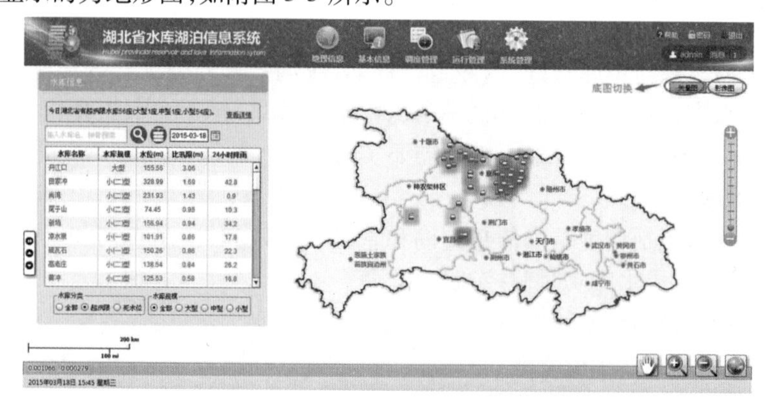

附图 3-3　底图切换

3.2.2　地图基本操作

3.2.2.1　功能介绍

地图提供了拖动、放大、缩小及缩放至全图功能。

3.2.2.2　操作步骤

地图拖动：单击地图右下方“![hand]”按钮，然后在地图上任意区域按住左键即可拖动，如附图 3-4 所示。

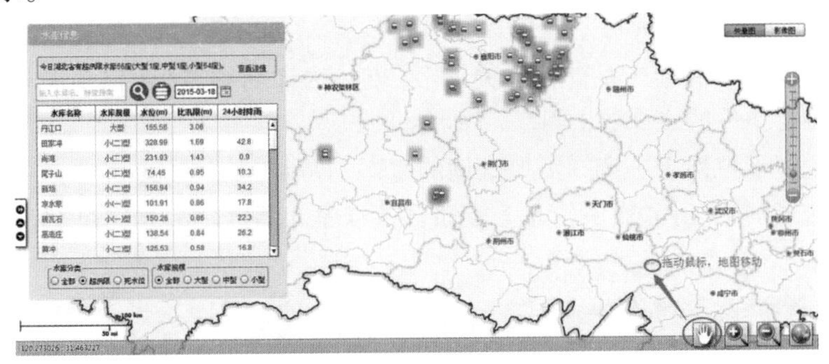

附图 3-4　地图拖动

地图缩放：单击地图右下方“![zoom-in]”（放大），“![zoom-out]”（缩小）按钮，然后在地图上任意区域点击放大或缩小，如附图 3-5 所示。

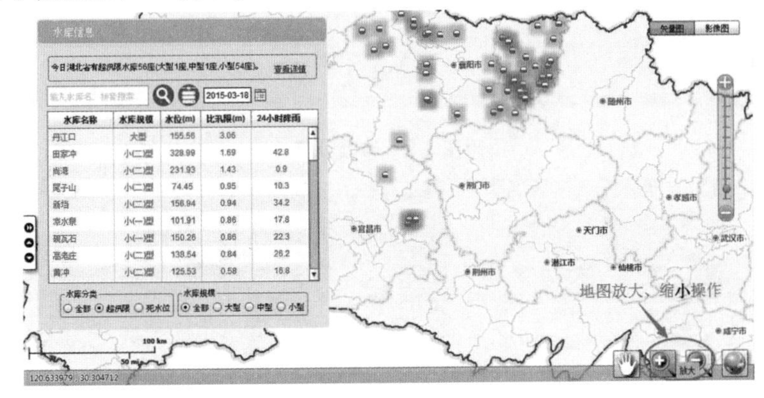

附图 3-5　地图缩放

缩放至全图：点击右下角“![globe]”图标，自动缩放至全图，如附图 3-6 所示。

附图 3-6　缩放至全图

3.2.3　地图查询(水库)

3.2.3.1　功能介绍

该功能提供了地图上水库的快速模糊查询与浏览。

3.2.3.2　操作步骤

在地图左边文本框输入要查找的关键字(支持水库名称,拼音首字母查询),系统将自动匹配出符合条件的水库,如附图 3-7 所示。

也可在左边下拉列表中选择需要查询的水库,如附图 3-8 所示。

详细信息查询:点击 <更多信息> 按钮打开水库详细信息的查询页面,如附图 3-9 所示。

附图 3-7　查找水库

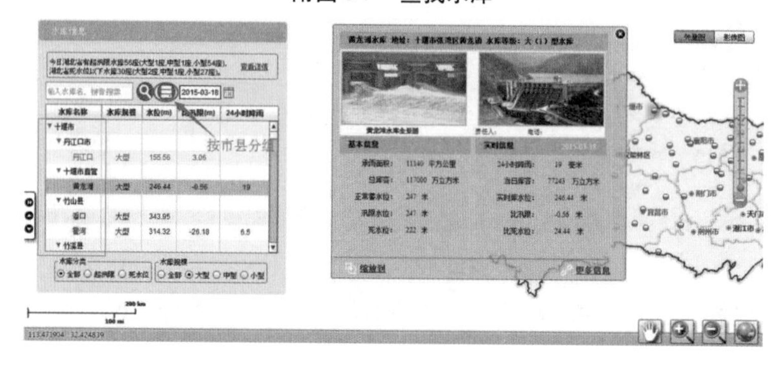

附图 3-8　选择水库

3.3　基本信息

3.3.1　水库信息统计

3.3.1.1　功能介绍

提供按行政区划、工程规模分类统计全省水库的分布情况。

3.3.1.2　操作步骤

操作步骤如附图 3-10 所示。

3.3.2　查看单个水库信息

3.3.2.1　功能介绍

点击导航菜单对应的水库或图片,显示对应水库信息。

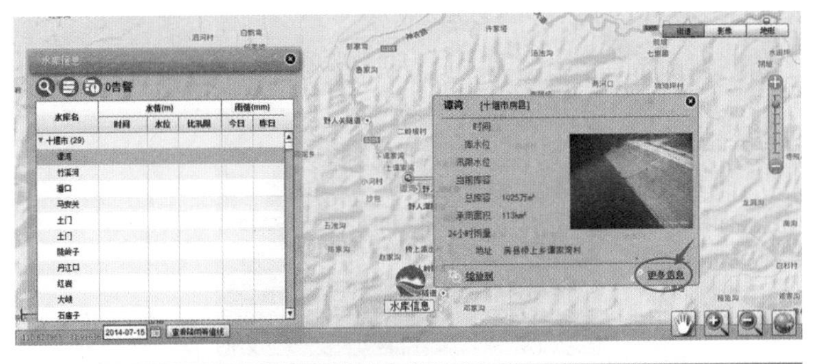

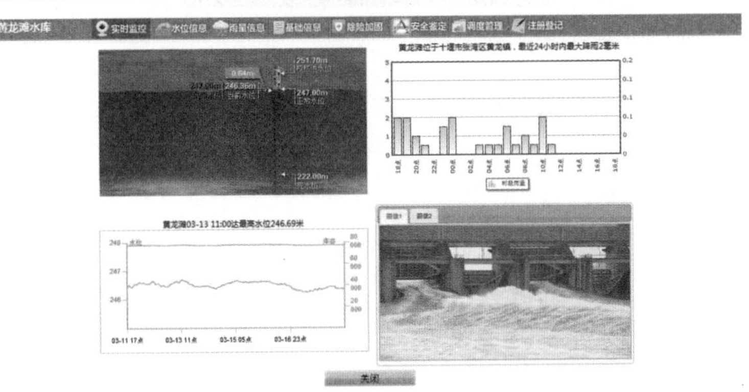

附图 3-9 详细信息查询

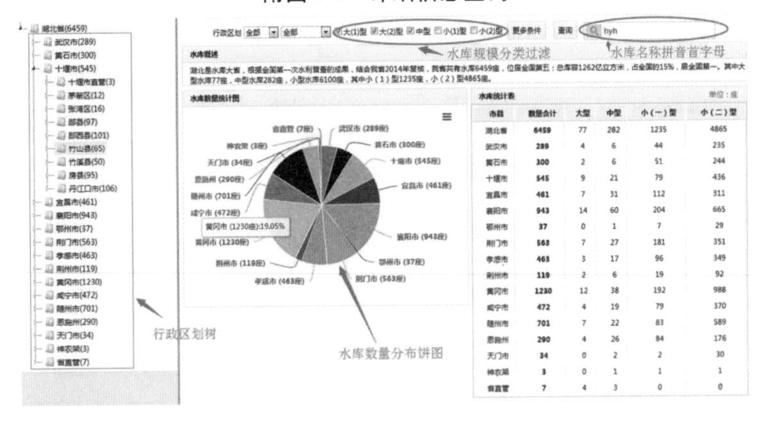

附图 3-10 水库信息统计

3.3.2.2 操作步骤

操作步骤如附图 3-11 所示。

3.3.3 水库基本信息表

3.3.3.1 功能介绍

可查询水库基本信息,并提供修改汛期快捷入口。

3.3.3.2 操作步骤

操作步骤如附图 3-12 所示。

附图 3-11　查看单个水库信息

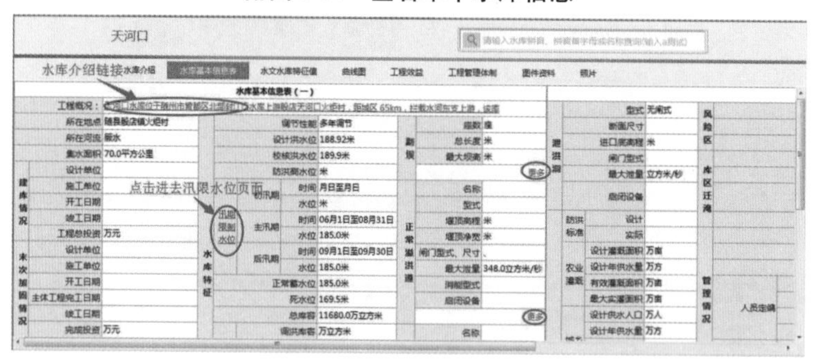

附图 3-12　水库基本信息表

3.3.4　曲线图

3.3.4.1　功能介绍

本功能为查看水位—库容关系曲线图和水位—泄流关系曲线图,同时提供两类曲线数据导入及导出等维护功能。

3.3.4.2　操作步骤

操作步骤如附图 3-13 所示。

3.3.5　图件资料

3.3.5.1　功能介绍

本功能为查看水库的图件资料。

3.3.5.2　操作步骤

操作步骤如附图 3-14 所示。

3.3.6　历史蓄水曲线

3.3.6.1　功能介绍

本功能为查看水库历史蓄水曲线。

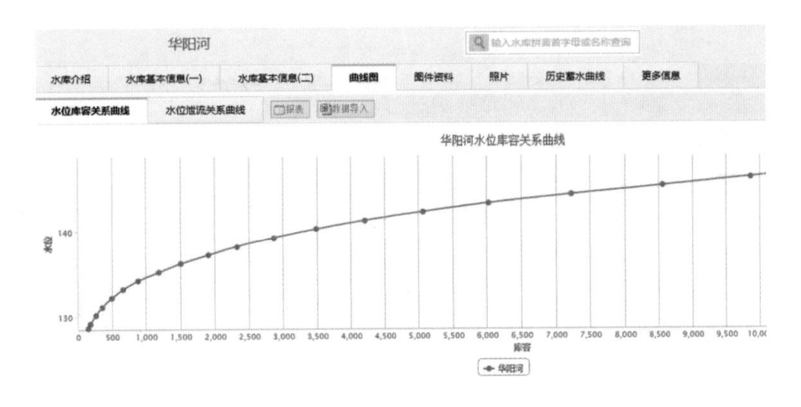

附图 3-13　曲线图

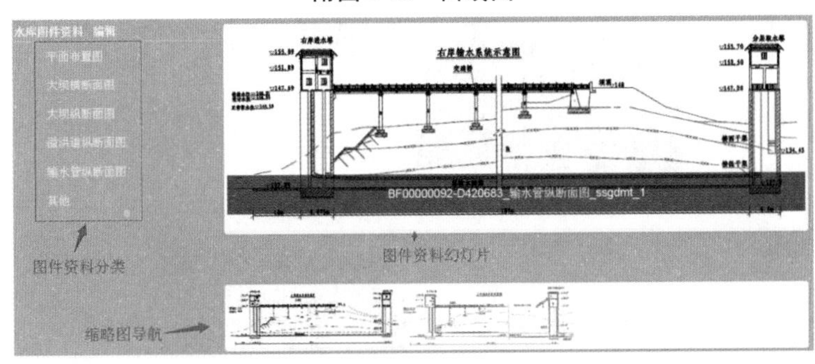

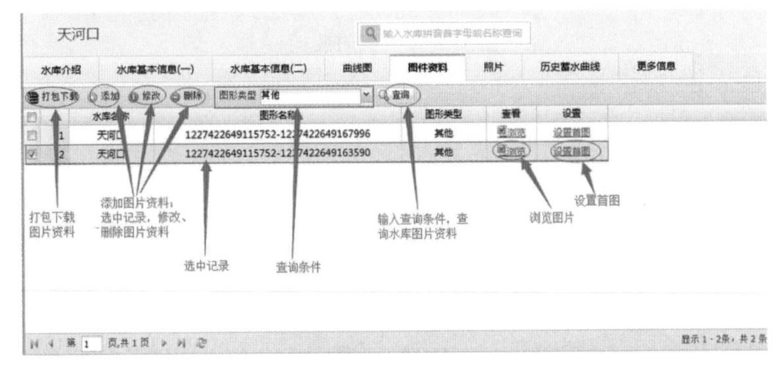

附图 3-14　图件资料

3.3.6.2　操作步骤

操作步骤如附图 3-15 所示。

3.3.7　更多信息

3.3.7.1　实时监控

1) 功能介绍

本功能为实时监控水库水位信息。

2) 操作步骤

操作步骤如附图 3-16 所示。

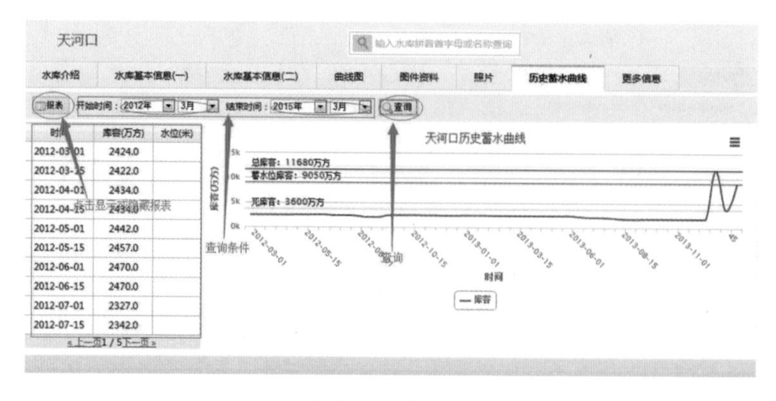

附图 3-15　历史蓄水曲线

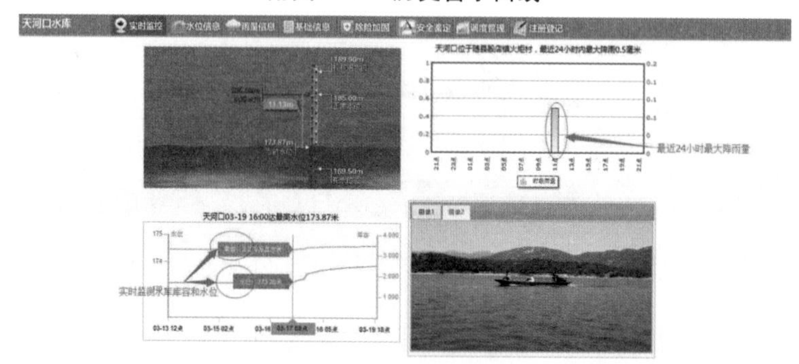

附图 3-16　实时监控

3.3.7.2　水位信息

1)功能介绍

本功能为实时查看水库水位过程线。

2)操作步骤

选择查看的水位和时间后点击查询,如附图 3-17 所示。

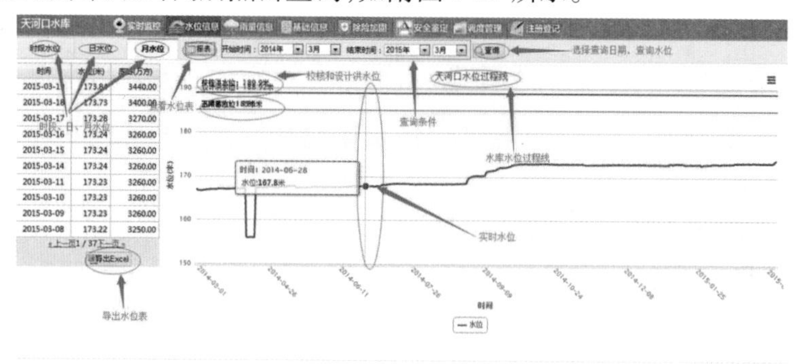

附图 3-17　水位信息

3.3.7.3　雨量信息

1)功能介绍

本功能为实时查看雨量信息。

2)操作步骤

选择查看的雨量类型和起止时间后点击查询,如附图 3-18 所示。

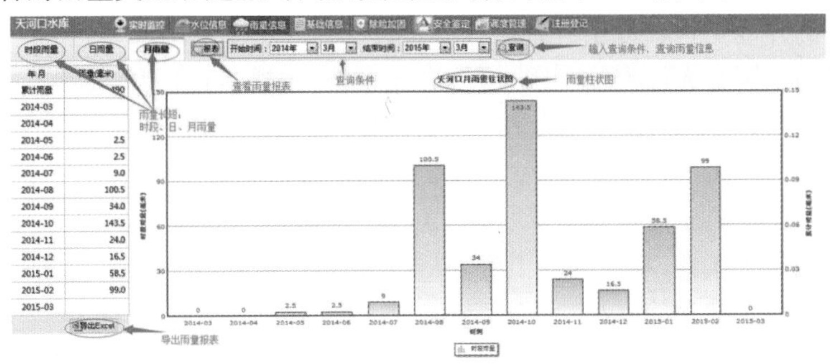

附图 3-18　雨量信息

3.3.7.4　基础信息

1)功能介绍

本功能为查看水库基本信息。

2)操作步骤

操作步骤如附图 3-19 所示。

附图 3-19　基础信息

附录 4　闸门及启闭机的操作运用

4.1　严格执行闸门启闭制度

(1)专管人员启闭闸门,应严格按照控制运用计划及负责指挥运用的上级主管部门的指示执行。

(2)专管人员接到启闭闸门的任务后,应迅速做好各项准备工作。

(3)当闸门的开度较大,其泄流或水位变化对上下游有危害或影响时,必须预先通知有关单位,做好准备,以免造成不必要的损失。

4.2 闸门启闭前的检查

4.2.1 闸门的检查

(1)闸门的开度是否在原定位置。

(2)闸门的周围有无漂浮物卡阻,门体有无歪斜,门槽是否堵塞。

(3)冰冻地区,冬季启闭闸门前还应注意检查闸门的活动部分有无冻结现象。

4.2.2 启闭机的检查

(1)启闭闸门的电源或动力有无故障。

(2)电动机是否正常,相序是否正确。

(3)机电安全保护设施、仪表是否完好。

(4)机电转动设备的润滑油是否充足,特别注意高速部位(如变速箱等)的油量是否符合规定要求。

(5)牵引设备是否正常,如钢丝绳有无锈蚀、断裂,螺杆等有无弯曲变形,吊点结合是否牢固。

(6)液压启闭机的油泵、阀、滤油器是否正常,油箱的油量是否充足,管道、油缸是否漏油。

4.2.3 其他方面的检查

(1)上下游有无船只、漂浮物或其他障碍物影响行水等情况。

(2)观测上下游水位、流量、流态。

4.3 启闭机的操作

4.3.1 电动及手、电两用卷扬式、螺杆式启闭机的操作

(1)电动启闭机的操作程序,凡有锁锭装置的,应先打开锁锭装置,后合电器开关。当闸门运行到预定位置后,及时断开电器开关,装好锁锭,切断电源。

(2)人工操作手、电两用启闭机时,应先切断电源,合上离合器,方能操作。如使用电动,应先取下摇柄,拉开离合器后,才能按电动操作程序进行。

4.3.2 液压启闭机操作

(1)打开有关阀门,并将换向阀扳至所需位置。

(2)打开锁锭装置,合上电器开关,启动油泵。

(3)逐渐关闭回油控制阀升压,开始运行闸门。

(4)在运行中若需改变闸门运行方向,应先打开回油控制阀至极限,然后扳动换向阀换向。

(5)停机前,应先逐步打开回油阀,当闸门达到上、下极限位置,而压力再升时,应立即将回油控制阀升至极限位置。

(6)停机后,应将换向阀扳至停止位置,关闭所有阀门,锁好锁锭,切断电源。

附录5　水库险情抢护实例

5.1　湖北省阳新县南山垅水库漏洞险情抢护

5.1.1　工程概况

南山垅水库位于阳新县木港镇坳头村，建于20世纪60年代初，是一座小(2)型水库。水库大坝为黏土心墙代料坝，坝顶高程98.0 m，最大坝高13.5 m。开敞式溢洪道位于左岸，堰顶高程94.3 m。有坝身式输水管，塔式进水口。

5.1.2　险情简述

2008年6月20日9时30分，南山垅水库巡查人员发现大坝下游坡沿输水管轴线高程92.5 m处出现流量为0.15 m^3/s的浑水漏洞，漏洞处已发生1.8 m×1.6 m×1.0 m塌陷。出险时，库水位93.3 m，距汛限水位差1 m。水库险情危及木港镇5 200人、1 600亩耕地及武九铁路和316国道等交通干线的安全。

5.1.3　抢险措施

南山垅水库巡查人员发现险情后，迅速上报各级政府及防汛指挥部门。各级各类责任人迅速进岗到位、履行职责，做好下游群众安全转移准备工作，组织技术专家现场指导抢险，并成立工作组。工作组会同市、县技术专家仔细查看了险情，向工程管理人员详细了解了情况，认真分析了险情发生的原因，并确定了前堵后排的抢险方案。按照专家制订的抢险方案，南山垅水库抢险指挥部6月20日连夜组织实施。经过一个白昼不停歇的奋战，至21日22时30分，抢险工程基本完工，险情基本得到控制。至6月24日17时，溢洪道扩挖工程全面完成，抢险工作结束。汛后，按照批复的设计方案，对南山垅水库进行了全面的除险加固，该项工作在2009年汛前已完工。至此，南山垅水库全面脱险。

南山垅水库的险情应急处理工作过程大致可以分为以下几个阶段：

(1)出险初期阶段。是从发现险情到确定抢险方案前。水库出险后，险情信息经核实后迅速逐级上报至各级政府及防汛机构。接报险情后，各级各类责任人迅速进岗到位，工作组及时赶赴现场指导抢险工作，阳新县成立了南山垅水库抢险指挥部，组织人力和砂石料等抢险物资，并将险情及时向下游群众进行通报，做好下游群众安全转移准备工作，并快速核实险情。

(2)确定抢险方案。抢险方案是否科学合理直接关系到抢险的成败。工作组到达现场后迅速会同市、县技术专家仔细查看了险情，向工程管理人员详细了解了情况，认真分析了险情发生的原因，并确定了前堵后排的抢险方案。

(3)抢险攻坚阶段。按照专家制订的抢险方案，南山垅水库抢险指挥部6月20日连夜组织实施。共投入抢险突击队员200余人、工程技术人员10人、施工机械6台套，调配编织袋1万余条、彩条布2 400 m^2。经过一个白昼不停歇的奋战，至21日22时30分，除溢洪道扩挖外，防汛道路抢修、输水管进口封堵、坝体开挖回填、坝下涵管修复、新回填坝段坝面覆盖、坝脚阻滑体填筑等其他抢险工程全部完工，险情基本得到控制。

(4)后期抢险阶段。在险情得到基本控制的情况下,24 h 监测险情发展情况,做好抢险后续工作,加快溢洪道扩挖进程,细化下游群众转移预案。至6月24日17时,溢洪道扩挖工程全面完成,至此,抢险工作结束。

(5)密切监测阶段。抢险完成之时仍处于主汛期,由于抢险工程只是临时措施,险情并未得到根治,水库仍属于带病度汛,存在安全隐患,需要密切监测险情的发展。水库管理单位按上级防汛指挥部门的要求继续加强观测,认真做好相关后续工作。

(6)全面除险加固阶段。汛后,按照批复的设计方案,对南山垅水库进行了全面的除险加固,该项工作在2009年汛前已完工。至此,南山垅水库全面脱险。

5.2 湖北省武穴市石船水库散浸处理

5.2.1 险情简述

1973年5月13~16日,武穴市4 d 降雨333 mm,石船水库水位猛增。5月20日19时发现散浸险情,大坝下游坡东段10~20 m 高程,北段7~9 m 高程至反滤坝顶(高程5 m)的大部分坝面被浸水饱和,局部草皮土(厚0.2 m)已成塑状,管理人员在大坝中部坡面上,挖了一段横槽进行观察。槽深16 m,发现在草皮土以下的坝体填土内有渗流现象,但由于颗粒较粗,摩擦角较大,土体还是稳定的,未出现滑坡现象。

浸润线高出反滤坝2~6 m(东段高于北段),分析原因如下:

(1)由于水库蓄水运用多年,坝体渗水已穿过心墙,兼之上半截心墙土质较差,春季以来雨水连绵,坝身一直处于高水位,水位在17 m 以上的时间长达2个月之久(溢洪水位17.4 m),故大坝渗流增加。

(2)下游坡坝内的土壤,渗透系数小,所以浸润线即在反滤坝以上部位坝坡渗出,且渗流比较集中。

(3)由于坝面及坝坡未做排水明沟,草皮茂盛,地面径流不易排除,大量地面径流渗入坝坡土体内。

(4)大坝东头与山坡接头不良。

5.2.2 抢险措施

(1)限制蓄水位,暂定最高蓄水位为16 m。

(2)在散浸的坡面上开沟导滤,沟内填粗砂、砾石、碎石三层反滤料,最上面用块石护坡。导滤沟面宽0.8 m,深1.0 m,底宽0.6 m。沟的布置是上端开纵沟一道,下接交叉"十"字沟或"Y"形沟和"人"字沟至反滤坝趾,共做导滤沟长438 m,共用粗砂62 m^3,砾石80 m^3,碎石150 m^3,块石60 m^3。

导滤沟完成后,渗流被导至沟内,通往反滤坝排出。大部分散浸面消除了险情,只剩东头山坡接头附近尚有浸水,后又补两道导滤沟,全坝渗流集中在反滤坝北头坝脚下排出,流量0.3 m^3/s。

5.3 河南省薄山水库漫顶险情抢护

5.3.1 工程概况

薄山水库位于河南省确山县汝河支流臻头河上。控制流域面积575 km^2,总库容4.0亿 m^3。大坝为黏土心墙砂卵石坝壳。坝顶高程122.15 m,最大坝高40.75 m,坝顶长度511 m,防浪墙高1 m。输水管内径3.5 m,最大泄量117 m^3/s。溢洪道为明渠,长450 m,底高程115.59 m,底宽50 m,最大泄量1 183 m^3/s。

5.3.2 险情简述

1975年8月上旬,洪汝河流域一带普降特大暴雨。薄山水库上游暴雨实测最大3 d降雨量1 022.2 mm,最大1 d降雨量682.7 mm,分别为1965年水库扩建工程设计千年一遇雨量的1.6倍和1.3倍。

稀遇暴雨形成了特大洪水。7日22时最大进库洪峰流量达10 200 m^3/s,为扩建工程设计千年一遇洪峰流量的2倍,1 d洪水总量2.79亿 m^3,3 d洪水总量4.25亿 m^3,分别为1965年水库水文复核资料千年一遇的1.6倍和1.8倍。加上水库上游竹沟水库(库容1 500万 m^3)7日22时垮坝,更增加了水库的防洪负担。

洪水进入水库后,库水位从5日起迅速上升。7日零时达108.38 m,超过了汛限水位0.28 m;19时溢洪道开始泄洪;20时水位涨到117.30 m,达到设计洪水位;21时输水管开始泄洪;8日1时水位达121.94 m,超过校核洪水位0.1 m;3时达到最高水位122.75 m,超过坝顶0.6 m,距防浪墙顶0.4 m;10日24时,水位降到设计洪水位,超过设计洪水位时间持续76 h。

在库水位最高时,浪花翻过防浪墙顶。同时部分防浪墙发生漏水情况,形势万分危急。经过坚决的防汛抢险斗争,终于战胜了超标准洪水,确保了水库及下游的安全。

5.3.3 抢险措施

强有力的组织领导是战胜这次洪水的关键。5日降雨后,水库党组织立即召开了扩大会议,并紧急动员全体职工,统一思想,提高认识,明确任务,投入战斗。在水库最危急的时刻,又由地委、县委和解放军有关部队组成了水库抗洪抢险指挥部,领导参加防汛抢险的全体军民,积极投入斗争。具体措施如下:

(1)严格执行汛期库水位控制在限制水位(水位108.1 m,库容1.47亿 m^3)的规定。在这次特大洪水到来之前,实际库水位102.1 m,相应库容0.8亿 m^3,这样等于增加了防洪库容。

(2)及时观测分析水情,做好洪水预报工作。7日2时,水库根据6日20时以前的雨情、水情资料,发布紧急水情通知,预报水库即将溢洪,动员溢洪道下游群众迁移。7日18时50分,水位超过溢洪道底部高程开始溢洪,争取了16 h居民转移预见期。此外,在7日20时,根据雨情、水情的发展情况,预报水位将上涨至坝顶,情况危急,因而及时紧急动员,展开保坝斗争。实际库水位于8日1时15分接近坝顶,这样就争取了5~6 h的抢险预见期,为防汛抢险工作的胜利赢得了时间。

(3)充分利用已有泄水建筑物泄洪。在库水位猛涨的情况下,除充分利用溢洪道泄洪外，并根据雨情、水情的变化，及时决定输水管开闸泄洪时间。由于当时降雨特大，电站进水，电源中断，仍迅速利用柴油机发电，保证了启闭用电。在最高库水位时，溢洪道泄量达 1 470 m^3/s，输水管泄量达 129 m^3/s，分别超过设计泄量的 24% 和 10%。

(4)在库水位接近最高水位时段，浪花翻过坝顶防浪墙，部分防浪墙也发生了漏水，水库及时组织人力开展抢险工作，迅速堵塞防浪墙漏水。

(5)当库水位达到最高水位的危急时刻，水库抗洪抢险指挥部决定立即抢筑子坝，拓宽溢洪道并在下游坝坡铺盖帆布防冲。从 8 日上午开始，经过 49 h，取土 17 000 包，在防浪墙后抢筑了一道长 511 m、高 1.5 m、底宽 2 m、顶宽 1.5 m 的子坝，保证了大坝安全，以减轻下游的洪水灾害，发挥了巨大的作用。

附录 6　水事违法案件实例

6.1　谌家矶新河桥下擅自倾倒渣土案

2013 年 10 月 29 日晚，武汉市江岸区水务局与江岸区公安分局针对新河桥下出现的渣土车夜间倾倒渣土现象开展联合执法。执法人员在谌家矶新河桥下发现刚倾倒完渣土准备驶出滩地的渣土车，执法人员将渣土车拦住询问。通过调查询问，得知该车为某建设公司所有，目前承接某广场建设项目渣土转运工程，其指定渣土消纳点为武湖高新物流。当晚，该渣土车从某广场拖运渣土后，行至新河大桥下，为省时节油，擅自将渣土倾倒在河道内，如附图 6-1 所示。

附图 6-1　新河桥下擅自倾倒渣土

该行为违反了《中华人民共和国防洪法》第二十二条，“禁止在河道、湖泊管理范围内建设妨碍行洪的建筑物、构筑物，倾倒垃圾、渣土，从事影响河势稳定、危害堤防安全和其他妨碍河道行洪的活动”之规定。根据《中华人民共和国防洪法》第五十六条第二项责令

“停止违法行为,恢复原状或采取其他补救措施,可以处五万元以下的罚款”之规定。对该单位作如下处罚决定:①立即清除违章倾倒的渣土;②处一万元整罚款。

接到处罚决定后,该建设公司组织一辆铲车、一辆推土车、三辆渣土运输车对新河桥下倾倒的渣土进行了清除转运,截至 11 月 18 日整改完成。

6.2 武昌沙湖侵占湖泊案

2013 年 12 月 31 日,武汉某公司在武昌区沙湖周边进行沙湖公园环湖路(北段)及绿化工程施工中涉嫌侵占湖泊,被水政监察大队执法人员发现并制止其侵占湖泊行为。之后,执法人员要求当事人配合调查工作,但是当事人未在规定时间内配合进行调查询问。至 2014 年 1 月 26 日,执法人员依法进行了现场勘验的取证工作,测量结果表明:现场侵占湖泊的土方长 44.05 m,宽 20 m,总面积 881 m^2,如附图 6-2 所示。现场可见施工临时工棚 2 间,其中 1 间占压了外沙湖毁损的 26 号界桩。经调查取证,执法人员认定事实清楚,证据确凿,执法依据充分。

附图 6-2 侵占湖泊的土方

当事人违反了《湖北省湖泊保护条例》第二十二条第一款:禁止填湖建房、填湖建造公园、填湖造地、围湖造田、筑坝拦汊以及其他侵占和分割水面的行为。根据《湖北省湖泊保护条例》第五十九条第一款:在湖泊保护区内填湖建房、填湖建造公园的,由县级以上人民政府水行政主管部门责令停止违法行为,限期恢复原状,处 5 万元以上 50 万元以下罚款;有违法所得的,没收违法所得。决定对当事人给予如下处罚:①立即采取措施,停止违法行为,清除侵占湖泊的设施和土方。②处人民币 5 万元整的罚款。

1 月 26 日,依法对当事人送达了《责令改正通知书》,要求当事人限期恢复湖泊原貌,清除侵占湖泊的设施和土方。当事人于 2 月 14 日清除了侵占湖泊的设施和土方,3 月 18 日如数缴纳了罚款。

附录7　某地小型水库管理二十条禁令

一、禁止任何单位和个人擅自变更经批准的水库防洪调度规程和防洪应急预案。

二、禁止在水库下游的行洪河道内设障阻水，缩小过水能力；禁止在水库下游的行洪河道内垦植。

三、水库工程在紧急抢险时，经县级以上防汛指挥机构批准，可以在工程保护范围内取土（砂、石），禁止任何单位和个人阻拦。

四、禁止侵占和损毁主坝、溢洪道、输水洞（管）、电站及输变电设施、涵闸等工程设施。

五、禁止移动或破坏观测设施、测量标志、水文、交通、通信、输变电等设施设备。

六、禁止在坝体、溢洪道、输水设施上兴建房屋、修筑码头、开挖水渠、堆放物料、开展集市活动等。

七、禁止在工程管理和保护范围内爆破、钻探、采石、开矿、打井、取土、挖砂、挖坑道、埋坟等。

八、禁止损毁渠道、渡槽、隧洞及其建筑物、附属设施设备。

九、禁止在渠堤上垦植、铲草、移动护砌体。

十、禁止在水库内筑坝拦汊，分割水面，或者填占水库，缩小库容。

十一、禁止任何单位和个人擅自在渠道上增设和改建分水、提水、控水建筑物。

十二、禁止任何单位和个人在渠道内乱挖乱堵、偷水、抢水、阻水。禁止非管理人员启闭闸门和阻挠管理人员启闭闸门。

十三、在水库、渠道水域内，禁止直接或间接排放污水、油污和高效、高残留的农药，洗涤污垢物体，浸泡植物等。

十四、在水库、渠道水域内，禁止施用对人体有害的鱼药。

十五、在水库、渠道水域内，禁止倾倒砂、石、土、垃圾和其他废弃物。

十六、禁止在水库周边兴建向水库排放污染物的工业企业。原已建成投产的，应当限期治理，实现达标排污。不能达标排污的，限期搬迁。

十七、禁止水库周边的楼堂馆所及旅游设施直接向水库排放污水、污物。

十八、利用水库资源开发旅游项目的，禁止开发的旅游项目污染水体、破坏生态环境。

十九、有城镇生活供水任务的水库，要划定生活饮用水保护区，禁止在生活饮用水保护区内从事污染水体的活动。

二十、禁止水产养殖、科学试验影响大坝安全和污染水库水体。

附录8　小型水库专管人员聘用合同(实例)

××县小型水库专管人员聘用合同(实例)

甲方:××水利管理站

乙方:

为加强水库管理,保障水库安全,发挥水库效益,根据《市防汛抗旱指挥部指挥长会商会议纪要》中关于“立即解决小型水库无人管理问题”要求及《××小型水库安全管理办法》,县委、县政府决定拿出部分资金用于小型水库管理费用,经各乡镇、村推荐,水利局审核,县防汛抗旱指挥部已将名单正式下发,为便于水库的管理工作开展,经甲、乙及鉴证方协商同意,特签订本合同。

一　乙方工作职责

1. 服从县防汛抗旱指挥部统一调度,坚决执行防洪预案、防洪调度方案及防洪抢险等项命令。

2. 对水库的基本情况要熟悉,并做到经常性检查,特别是对水库的大坝、启闭机、输水管、溢洪道等要经常进行全面细致地检查,发现问题,及时地向甲方或鉴证方汇报,并协助除险。

3. 对大坝的坝坡杂木要经常清除干净,对坝坡的雨淋沟缺及坑凹进行修整,对坝顶路面进行修复,保持大坝完整,草皮护坡良好。

4. 对输水管及启闭设施,做到统一调度,科学蓄水调洪,按指令启闭,并定期对启闭设备进行维修、养护。

5. 切实做好水库的日常巡查和汛期检查、管理和养护工作,做好运行、调度、水文观测和安全检查情况记录,并将水文数据及安全检查情况及时上报,在主汛期或暴雨期要加强巡视检查,及时上报水情、雨情、工情、险情。

6. 禁止侵占和损坏主坝、副坝、溢洪道、输水洞(管)、涵闸等工程设施,在水库保护范围内禁止进行爆破、钻探、采石、开矿、打井、取土、挖砂、挖坑道、埋坟等,禁止在水库内筑坝拦汊、分割水面或者填占水库、缩小库容。

二　劳动报酬及支付方式

甲方向乙方提供劳动报酬　　元,年终按完成各项任务的情况及考核考评兑现劳动报酬。

三　甲方的权利与义务

1. 甲方对乙方的工作情况进行日常检查、指导和督办。

2. 甲方会同鉴证方制定考核办法,对乙方的工作情况进行考核,考核结果作为年终合同兑现依据。

3. 甲方对乙方考核不合格或乙方违反合同约定，甲方有权予以辞退，并拒付劳动报酬。乙方因身体或其他原因不胜任此项工作，甲方有权予以调换。

4. 甲方应按照合同约定向乙方拨付劳动报酬。

5. 甲方应定期为乙方提供业务技术培训。

四　乙方的权利和义务

1. 乙方应按本合同第一款的约定，认真完成各项管理服务工作，并接受甲方、鉴证方的指导、监督和检查。

2. 乙方在规定时间内参加甲方举办的技术培训。

五　鉴证方的权利和义务

1. 参与甲、乙双方管理服务项目合同的制定，并享有对乙方服务项目的指导、监督和考核的审核权。

2. 会同甲方研究制定管理服务考核办法，并参与对乙方服务项目的跟踪管理和完成情况的考核。

3. 协助甲方共同为乙方提供必要的服务平台、业务培训和继续教育。

4. 乙方被考核不合格，协助甲方进行辞退，重新选聘新的管理人员。

六　奖惩措施

1. 乙方因不负责任、玩忽职守原因造成水库重大损失的，甲方可扣除全部的劳动报酬，并诉请法律部门追究乙方的法律责任。

2. 因甲方或鉴证方原因，导致水库维修养护经费不能及时足额到位、没有足够的工作平台支撑等，或不可抗拒的自然灾害等客观原因，造成乙方没有完成本合同约定公益性服务任务的，不能视同乙方违约。

3. 乙方出色完成管理服务目标任务，受到县级以上业务部门或政府表彰的，甲方应在本合同第二款约定之外，对乙方给予奖励，奖励办法由甲方和鉴证方共同制定。

七　违约责任及处理

1. 甲方无故终止合同，乙方不履行合同义务或不胜任工作均视为违约。

2. 甲方、鉴证方如违反本合同规定，由当地人民政府协调处理。

3. 乙方如违反本合同规定，按考核办法扣减劳动报酬。

4. 甲、乙和鉴证三方如因本合同的执行产生争议，经协商而不能解决，可由当地人民政府协调解决。

八　合同期限

本合同期限为　　年　　月　　日起至　　年　　月　　日止。

九　其他事项

1. 本合同未尽事宜，由甲、乙和鉴证三方协商解决。

2. 本合同一式三份，由甲、乙和鉴证三方各执一份。

3. 本合同经甲、乙和鉴证三方代表签字、盖章后生效。

甲方(签章)：　　　　　　　　代表(签字)：

乙方(签章)：　　　　　　　　代表(签字)：

鉴证方(盖章)：　　　　　　　代表(签字)：

××××年××月××日